水利工程施工技术与机电设备安装研究

程会强　徐洪庆　袁　宇　编著

吉林科学技术出版社

图书在版编目（CIP）数据

水利工程施工技术与机电设备安装研究 / 程会强，
徐洪庆，袁宇编著. -- 长春：吉林科学技术出版社，
2023.3

ISBN 978-7-5744-0203-4

Ⅰ．①水… Ⅱ．①程… ②徐… ③袁… Ⅲ．①水利工
程－工程施工－研究②水利工程－机电设备－设备安装－
研究 Ⅳ．① TV5

中国国家版本馆 CIP 数据核字（2023）第 061820 号

水利工程施工技术与机电设备安装研究

编　　著	程会强　徐洪庆　袁　宇	
出 版 人	宛　霞	
责任编辑	赵维春	
封面设计	树人教育	
制　　版	树人教育	
幅面尺寸	185mm×260mm	
开　　本	16	
字　　数	270 千字	
印　　张	12.25	
版　　次	2023 年 3 月第 1 版	
印　　次	2023 年 3 月第 1 次印刷	
出　　版	吉林科学技术出版社	
发　　行	吉林科学技术出版社	
地　　址	长春市南关区福祉大路 5788 号出版大厦 A 座	
邮　　编	130118	
发行部电话／传真	0431—81629529　　81629530　　81629531	
	81629532　　81629533　　81629534	
储运部电话	0431—86059116	
编辑部电话	0431—81629520	
印　　刷	廊坊市广阳区九洲印刷厂	
书　　号	ISBN 978-7-5744-0203-4	
定　　价	75.00 元	

编委会

前 言

　　水利水电工程施工虽然与一般的工民建、市政工程及其他土木工程施工有许多共同之处，但由于其施工条件较为复杂，工程规模较为庞大，施工技术要求高，因此又具有明显的复杂性、多样性、实践性、风险性和不连续性的特点。如何科学、规范地进行水利水电工程施工是一个不断实践和探索的过程。近些年来，我国水利水电建设事业有了突飞猛进的发展，一大批水利水电工程相继建成，取得了举世瞩目的成就，同时水利水电施工技术水平也得到极大的提高，很多方面已达到世界领先水平。对这些成熟的施工经验、技术成果进行总结，进而推广应用，是一项对企业、行业和全社会都有现实意义的任务。

　　水利工程施工是按照设计提出的工程结构，数量，质量及环境保护等要求，研究从技术、工艺、材料、装备，组织和管理等方面采取的相应施工方法和技术措施，来确保工程建设质量，经济、快速地实现设计要求的一门独立的科学。本书根据水利工程施工规程规范，结合作者多年施工经验编写而成。主要内容包括水利工程施工概述，施工导流与降排水，混凝土工程施工，水利工程施工质量控制，水利工程施工进度控制，水利工程施工成本控制，水利工程验收。编写过程当中，结合当前水利工程施工的实际情况，采用新规范，新标准，并适当反映了当前国内外先进施工技术，施工机械的应用。

　　本书在注重基础知识的同时，结合水利水电工程施工的实际，在编写过程中突出实用性，力求为水利水电工程施工技术人才的培养起到推动作用。

目 录

第一章　水利工程概述

第一节　水利工程建设及其生态效应

一、水利工程建设

水利工程是人类为了除害兴利而建设的一种工程项目，建设水利工程不仅能够促进社会的经济迅速发展，同时也能够显著提高我国的综合国力，因此在我国的现代化建设进程中，投入了大量的人力物力进行水利工程建设。在当前的水利工程建设过程中，要想实现对水利工程质量的有效控制，首先必须要建立起一套科学完善的水利工程建设质量管理体系，并且严格按照该管理体系进行质量管理，从而才能够使水利工程建设质量管理工作顺利进行，进而才能够确保水利工程的质量和利用率。

（一）当前水资源开发利用的现状

我国蕴藏着丰富的水资源，淡水总量在世界排名第六，但是由于我国人口基数大，人均占有量仅有 2420 立方米，不足世界人均的四分之一。当前我国水资源开发利用的现状表现在以下三点：

1. 未真正实现对水资源的市场配置

①我国的水价过低。当前，我国大部分农业用水仍然是免费的，即使部分收费，也远远低于成本。②水资源浪费现象严重。工农业用水成为水资源利用的重要部分之一，由于工业用水的利用率不高，农田灌溉仍采用传统的大水漫灌形式，造成水资源的严重浪费。③人们的节水意识薄弱。由于在很多人们的意识里，水资源就是取之不尽用之不竭的，从而就肆意浪费水资源。

2. 水质污染的问题日益显著

近年来，随着我国社会经济的快速发展，工农业规模不断扩大，工矿企业、城镇废弃污水，未经彻底处理就排放到河流中，再加上农药和化肥的普遍使用，加大了河流的污染。

3. 未建立起完善的水资源法制管理体系

从我国的《水法》中可以看出，水资源归属于国家所有，从而就需要国家对水资源进行统一管理。然而，由于未制定出详细的制度，以及中央和地方间、行业与行业间职责模糊不清，使得在利用水资源过程中出现了谁开发谁利用的现象,在一定程度上违背了我国水资源统一管理的经济权益性,水资源也未得到合理的开发和利用。

(二)水利工程建设管理概述和特点

水利工程项目不仅关系着工农业的生产活动,也关系着人们的日常生活,所以是一项关系国计民生的重要工程,必须引起有关部门的充分重视。水利工程建设的主要目的是更加合理地利用现有的水资源为人们的生产和生活服务,根据规模的大小,可以简单分为大中型水利工程建设和小型水利工程建设。因为水利工程建设是涉及范围非常广、投入资金特别多的建筑项目,所以我们必须要合理地利用国家的财政,搞好水利工程中的管理工作,使得项目的各项资源能够合理配置,尽量节约工程成本,用最少的经济成本发挥最大的经济效益。

水利工程项目作为建筑项目的一个重要组成部分,其管理过程有着建筑项目管理的共性,即要根据水利工程的建筑双方拟定的建筑合同来审查建筑的各个环节是否达标,以及各项操作是否符合国家的相关标准和规定。除此之外,根据水利工程的具体分类不同,不同类型的水利工程项目有着不同的管理要求。

(三)加强水利工程施工的安全措施

1. 加强领导,落实责任,努力保证水利工程的安全运行

进入夏季,既是水利建设的施工期又是各农作物的灌溉时节,要做好安全生产工作,又要加强领导,落实责任,切实采取有力措施,保证水利系统安全稳定运行,努力完成各项任务。

2. 高度重视,加强预防,防范自然灾害对水利的影响

夏季是旱情和暴雨等自然灾害多发的季节,抗御自然灾害、保证水利安全的任务十分艰巨。对此要高度重视灾害性天气的防御工作,密切监视天气、雨情和水情,加强巡视和维护,根据天气变化,及时做好各项防灾工作,保障水利安全。

3. 规范水利工程建设前期工作,强化资金管理

着力解决或避免擅自改变规划、未批先建、违规设计、变更设计、挤占和挪用建设资金等突出问题,促进水利工程建设项目规划和审批公开透明化,不断提高水利工程建设项目前期工作质量,规范资金使用管理。

4. 建立水能资源开发制度,强化水能资源管理

着力加强水能资源管理,建立健全水能资源开发制度和规范高效、协调有序的水能资源管理工作机制,遏制水能资源无序开发,促进水能资源可持续发展。

5. 规范水利工程建设招投标活动

加强水利工程招投标管理,着力解决规避招标、虚假招标、围标串标、评标不公等突出问题,确保水利工程建设招投标活动的公开、公平、公正。

6. 加强工程建设和工程质量安全管理

着力解决项目法人不规范、管理力量薄弱、转包和违法分包、监理不到位、质量安全措施不落实等突出问题,避免重特大质量与安全事故的发生。

综上所述,水利工程建设不仅关系着水利工程的质量本身,也关系着人们的生产生活,因此,加强水利工程建设的管理势在必行。工程的相关工作人员要从水利工程建设的各个阶段入手,一方面要严抓规划设计和工程建设,一方面要严抓工程招标和合同管理,才能协调好水利工程的管理工作,为我国的水利工程建设管理摸索出更多更好的管理经验,积极推进水利工程建设的发展,促进社会主义现代化建设。水利是国民经济的命脉,是国家的基础产业和基础设施,水利工程是抗御水旱灾害、保障水资源供给、改善水环境和水利经济实现的物质基础。水是社会经济发展不可或缺的物质资源,是环境生命的"血液"。水利工程管理体制还需要大家共同探讨、共同努力。

二、水利工程的生态效应

生态环境保护作为国家基本国策,在各行各业中,必须把环境保护作为基础,水利工程同样如此。水利工程建设直接影响着江河、湖泊以及周围的自然面貌、生态环境,只有不断解决建设过程中存在的诸多问题,改进设计方案,提高对环境的保护措施,才能让水利工程创造出良好的生态环境,也创造出更多的经济价值。

水利工程是一项烦琐但任重而道远的项目,关乎着我国的农业、电力等方面的发展以及民生的生命、财产安全。在水利工程构建的蓝图中,应该重视生态环境的保护,但是在我国的建设过程中,存在着许多影响生态环境的问题,而且刻不容缓,不容忽视,只有及时处理问题,完善水利工程建设体制,才能让生态环境形成良好循环。

(一)水利工程的生态效应问题分析

1. 水利工程破坏了河流流域整体性

河流是一个连续的整体,是从源头开始,经多条支流汇集而成的一个合流。当挡潮闸关闭时,拦截地域水含量提升,水位相对差度升高,河流内河沙、有机物等被囤积,整个河流被分割的每段内部,各成分含量明显不同,而且,酸碱度、河流含盐度也随之发生了明显改变。与此同时,河流两岸河道的形状、状态也有所改动,多次对河流的阻隔,河道逐渐形成新的状态,河床不断提升,产生河堤崩塌的概率逐步提升。

2. 水利工程迫使鱼类改变洄游路线

河流里的鱼群有相应的生活范围以及洄游路程,即鱼类在一年或一生中所进行的周期性定向往返移动。同种鱼往往分为若干种群,每一种群有各自的洄游路线,彼此间不相混合。但是,水利工程建设存在对鱼群生命活动考虑不充分,只根据河流治理、防范等进行就地建立水库、堤坝等工程建设问题,导致鱼类的洄游路线发生改变,鱼类的生命活动受到限制,有的鱼类因无法及时做出路线改变和对新环境的适应,从而导致同类鱼种大面积死亡,甚至致使濒临物种走向灭绝。

3. 水利工程改变下游原有环境

水利工程的建立,还影响着河流的水流状态,如温度、水文等。过度控流,水位升高,水流速度降低,有机物等更换速率降低,温度容易升高,造成水内缺氧,水生植物以及动物生存困难。物种之间竞争加剧,出现部分生物逐步消失,再次修复时,困难进一步加剧,对环境的影响是恶性循环,有待及时完善。与此同时,水文特性也被工程的建立所干预,只有及时监测水文的变化,做出相应的调控,才能有效地改善下游的生态环境。

(二) 水利工程生态问题的解决对策

1. 保证河流流域整体性

不同河流流域的情况不同,环境抵御受干扰的能力也不一样,工程设计人员应该实地考察,掌握该地环境的相关信息。比如,河流周边植被的种类与生存相关要求、河流水流量、河流易断流时节等。根据检测的信息,做出科学、合理的基本判断,结合水利工程建设基础理论,设计出能够保证河流不断流、整体性良好的工程方案,并要使用环保型材料,充分使用先进的技术,完成工程项目的同时也保护了生态环境的现有状态。另外,可以添加检测设备,随时检测河流、河道等的实时动态,及时做出相应的挡潮闸的开关活动,限制规划河流流量的大小,从而达到河流的有效控制。

2. 充分保证鱼类洄游路线

在水利工程建设之前应该进行充分的调研,掌握该河流鱼群是否进行洄游行为、洄游行为的时间段、各类鱼群的洄游对河水本身的要求等鱼群信息,对数据进行整理汇合,并将生态理念与工程建筑相结合。鱼群洄游行为与工程构造相结合,做出科学、合理的工程设计,从而能够不断地完善对鱼群治理的体系。例如,当鱼群进行洄游时,调控挡潮闸,使得上下游连成整体,恢复鱼群洄游路线,当鱼群完成洄游行为,及时关闭挡潮闸,从而恢复蓄水、发电等工程,既帮助鱼群完成了必需的生命活动,使得鱼类生活不受到干扰,也不耽搁工程项目的实施。

3. 保证下游环境的可持续发展

下游原有环境有自身的生态圈,工程的建立改变了河流本身的水文,致使下游环境发生对应的质变。只有相关的水文部门实时监测水文的动态,长期记录数据,做好备份工作,出现问题时,将数据与理论相结合,及时做出有效的操控手段,得以对水资源进行整治与保护。

我国水利工程不断发展,但是存在的问题也是日益彰显,必须立即完善水利工程体制,改进工程技术。而且,水利工程建设应该始终本着以生态文明为基础、经济发展为主体的核心价值理念,努力建立资源节约型、环境友好型、技术合理型的高端水利工程体系,得以在防洪、供水、灌溉、发电等多种目标服务方面做到各项兼备,从而使得水利工程走向国际化。

第二节 水利工程的基础处理与水资源保护

一、水利工程的基础处理

（一）水利工程基础处理的作用及重要性

水利工程不同于其他一般建筑工程，一次性施工和交叉施工是其重要特征，其一般表现形式为水电站施工建设，且要求较高，多半在水下地下施工。基础施工包括了两个部分：地基处理和基础工程，地基处理对工程整体性有着重要影响，良好的地基建设能保证工程的质量。地基处理是水利工程的基础，需要大量的资金、人力、设备、技术，在工程建设中有着极其重要的作用。

（二）不良地基对水利基础处理的影响及解决方法

不良地基对水利基础处理的影响表现在基础的沉陷量过大，基础水力的坡降超过允许的范围值；地质的条件差，抵滑抗稳的安全系数比设计值要小；地基里面没有黏性土层，细砂层则有可能因为振动使其发生塌落，导致施工进度延缓，或因为塌落造成人员伤亡和破坏已修建好的工程。

1. 强透水层的防渗处理

以大坝为例，刚性坝基砂、卵、砾石都属于强透水层，一般都会开挖清除，土坝坝基砂、卵、砾石层因透水强烈，不但损失大量水，并且容易产生管涌，增大扬压力，影响建筑物的稳定性，一般要做防渗处理。处理方法：将透水层砂、卵、砾石开挖清除回填黏土或混凝土，构筑截水墙。利用冲抓钻或冲击钻机作大口径造孔，回填混凝土或黏土形成防渗墙。采用高压喷射灌浆方法修筑水泥防渗墙，水泥或黏土帷幕灌浆。坝前黏土或混凝土铺盖，延长渗径，帷幕后排水减压，设置反滤层。

2. 可液化土层的处理

可液化土层是指没有黏性土层或有很少黏性土层在停止作业或振动的情况下，其压力较大，下边的水压力上升，使地基沉陷、失去稳定，进而危及建筑和人员的安全。常用处理方法：一是将可液化土挖掉拉走，填入石灰或砂石等其他强度较高、防渗性能良好的材料；二是挤压使土层密实或一层一层振动压实；三是周围用模板固定封闭，防止土层因水土向四处流动；四是在可液化土层以下打水泥土桩或灰土桩。

（三）基础处理的要求

一是必须随身携带地基和基础施工图纸、地质侦察报告、地基所需要的技术文件，了解施工地的实际情况；二是在准备挖地基之前，要严格按照预定的施工方案进行，对影响施工的物体或地面进行处理；三是若施工的地点在山区内，需要勘察山区边沟坡的地形构造是否影响施工，以及山区的实际土质，做好施工中滑坡坍塌水土流失等防护措施；四是在机械设备入场前，要做好便道修理平整加固工作；五是将测量的水准点、控制桩、线条做好标记并保护，且要经常复核、复测其准确性，场地有不平整的地方要及时测量平整；六是开挖时应将地质勘查文件和实际地形进行对比，及时做出调整。

（四）基础处理的施工技术

1. 挖除置换法

挖除置换法是将原基础底面下一定范围内的软土层挖除，换填粗砂、砾（卵）石、灰土、水泥土等。

2. 重锤夯头法

重锤夯实法是将夯实机重锤悬放离地面 3～5m，然后让其自由下落使土壤夯实。

3. 水泥土挤密桩

在软土地基上采用水泥土挤密桩，对土层进行高强度挤压，防止塌陷，来提高承载力。

4. 振动水冲法

振动水冲法是将一个类似浇筑混凝土时用的振捣器插入土层中，在土层中进行射水振动冲击土层制造孔眼，并填入大量砂石料后振动重新排列致密，来达到加固地基的效果。

5. 围封法

防止地震时基土从两侧挤出，减轻破坏和软土地基的流动，常用于水工建筑物的软基处理。

（五）基础处理的注意事项

一是施工场地宽敞，基础平整或浅的工作面，按照施工需要，测出坐标、打好点，然后撒出一条基准白灰线，以这条基准白灰线为主撒出基槽边线，以确保整个施工能够顺利进行；二是对地下深水位的地基施工，要根据设计院对施工地的地质资料，与实际地质勘查情况对比之后，再进行基础施工开挖，防止地基在施工中塌落造成其他施工作业的不便；三是确保整个工程的地基强度，地基是整个施工过程的主要工序，在与地基有关的各个方面做好施工，使其最大可能达到相关标准，同时还要在一定程度上保证地基施工场地的开阔，确保施工的安全和建筑的质量；四是任何材料都不是永久性的，在施工前要充分考虑地质，确保地质变化始终在允许的范围内，避免地质出现塌裂等情况。

基础处理是水利工程施工的重要环节，其处理效果对水利工程的整体质量有最直接的影响。由于存在土质含水量高、孔隙大、承载能力弱等因素的干扰，增加了基础处理的施工难度。因此，相关人员要做好施工前的准备工作，仔细勘察地质条件，因地制宜选择最优施工方案，以提高地基稳固性及承载能力，为我国水利工程事业的可持续发展提供强大助力。

二、生态水利工程与水资源保护

虽然水是人们赖以生存的重要能源,但是,淡水资源不仅是人类世界上最为珍贵的自然资源,而且还是良性环保体系构建的重要组成部分之一,其作为一种具有战略价值的资源,是确保社会长期稳定发展的关键性因素。这也进一步说明了水资源质量的优劣对于国家文明发展程度与人民安全具有决定性的影响。就目前而言,虽然我国在社会经济发展的过程中,已经将水资源保护问题提升到战略高度,而且相关部门已经认识到保护水资源对于社会经济发展的重要性,但是现实问题却是,我国水资源目前仍然面临着严重的污染问题,大多数针对水资源的保护措施并没有发挥出前期应有的作用。

(一)生态水利工程

所谓的生态水利,实际上就是将生态理念与水利工程建设紧密地结合在一起,确保我国环境保护政策切实地贯彻落实到水利工程建设当中。大多数传统水利工程,在建设的过程之中往往将重点放在了水利工程基本功能的发挥,将满足人们自身对于水利工程的需求作为水利工程建设的基础,却忽略了对于生态环境的保护,进而导致生态环境问题的日益突出,而这也是生态水利工程出现的主要原因之一。生态水利工程通过对传统水利工程进行优化,不仅有效地满足了人们对水利工程的基本需求,而且也实现了保持和改良生态环境的目的,确保了水利工程的可持续发展。生态水利工程在建设的过程中,施工企业必须将自然作为工程项目建设的核心理念,在充分利用水资源的同时,尽可能地做到不破坏河流的原始形状。还有很多水利工程发达的地区,为了实现促进水资源利用效率的全面提升,而对河流附近的地区采取了退耕还林的方式,在尽可能恢复流域内原始地貌的基础上。根据实际地形,采取切实可行的防洪措施,才能将生态水利工程的作用充分地发挥出来。另外,在进行生态水利工程设计与规划时,必须在尽可能保留原有流域地貌的同时,将该地区内的水资源充分利用起来,才能确保生态水利工程建设与生态环境和谐发展的目标。

(二)加强生态水利工程建设,促进水资源保护措施

1. 建立健全水利工程的管理体制

针对目前的水资源利用现状,国家在已经颁布和实施相关法律法规的基础上,同时设立了专职管理部门,严格地控制非法使用水资源现象的出现,实现了针对水资源的有效保护。随着全球经济一体化的迅速来临,水资源保护问题已经不只是我国政府所面临的问题,而是一项世界各国都面临的重要问题。因此,根据我国现阶段的水资源利用情况,相关部门必须建立完善的水利工程管理体制,同时加强水资源管理的力度,才能够在促进水资源保护效率稳步提升的同时,为水资源的可持续利用提供全面的保障。

2. 水利资源开发中保证物种共生互补

生态系统最显著的特点就是,在一定范围内物种的数量群体会保持永恒不变的状态。

但是,由于水利工程建设,不仅打破了生态系统的平衡,同时也对生态系统内物种群体数量之间的平衡产生了严重的威胁。因此,在水利工程建设时,必须将水利工程建设与自然生态环境紧密地融合在一起,严格地按照物种共生的原则,开展水利工程建设,才能在保证生态系统稳定的基础上,满足现代水利工程建设事业发展的要求。

3.水利资源开发中保证水土资源生态性

水资源开发过程中针对水资源的保护,必须要在水利工程建设过程当中,通过种植树木的方法,增强固土效果,从而达到促进水土保持效率并不断提升的目的。此外,在进行水利工程建设时,施工企业必须对施工现场水文地质情况进行综合分析,在掌握水利工程建设区域地下水分布规律和特点的基础上,降低水文地质灾害发生的概率,促进施工现场水质与土质优化水平的有效提升,为生态水利工程建设的顺利进行做好充分的准备。

4.加大生态水利投入,支持环保工程

政府部门是水资源开发利用、治理保护、管理的主导者,所以为了确保水资源可持续利用目标的顺利实现,政府部门必须在进一步加大公共财政支持力度的同时,建立起长效投入保障机制,为水资源开发利用与保护工作的开展提供全面的支持。另外,政府部门在发展水利工程项目时,应该积极地借鉴和应用多元化投资主体的方式,引导和鼓励社会资本参与大水利工程建设中,这种多元化投资主体机制的建立,不仅营造出了良好的市场投资环境,确保了生态水利工程建设资金的充足,同时也有效地缓解了地方政府公共财政的压力。

5.保证水域生态整体性

生态水利工程建设过程中,采取的整体性水域生态发展模式,不仅有助于生态系统自我调节能力的有效提升,同时在水利工程建设过程中,充分重视与相邻水域之间的衔接,才能在有效满足水源流动性的基础上,促进生物活跃性的进一步提升,才能将生态系统所具有的分解和净化能力充分发挥出来。另外,必须建立起统一的生态水利工程建设标准,才能在避免对相邻区域水质与生态环境造成破坏的基础上,促进水利工程建设区域内生态系统相互作用效果的提升。

总而言之,在保护水资源与水利工程建设的过程中,必须对水资源可持续发展理念的重要性予以充分的重视。同时在水资源治理过程中,采取统筹管理,优化水利工程功能的方式,才能发挥出生态水利工程在社会经济发展过程中的重要作用。

第三节　水利技术发展现状以及创新

水利工程作为社会发展以及国民经济高速发展的基础产业,其主要功能可以保障城乡居民基本用水需求,以及工农业的基本生产。水作为人类生命的源泉,不吃饭可以活下去,但是没有水可是无法生存的,但是现今这个时代缺水已经成为世界性的难题,因而将高科技手段运用到水利管理方面,可以有效地提升水资源的问题。想要在现今的高科技时代得到

认可,必须将自身的素质提升,才能拥有与时俱进的能力,更好地了解和熟悉各种高科技仪器,利用新的高科技仪器使得水利工作管理手段得到提升。

一、水利管理的发展现状

(一)城市化水污染严重

随着我国经济的高速发展,城市化的进程也随之越来越快,工商业也进入了快速的发展阶段,农业生产也已经由传统纯手工式的劳作转变成为机械化的生产方式,从而将原本从事农业的劳动力转入到了城市之中,多余的劳动力在农业发展中过于注重产业的发展,忽视了对环境的维护,并且地方政府也没有给予第一时间的政策维护,因而农村的水利工程在很大程度上出现了多样化。这种不同程度的污染情况其实跟城市的高速发展、工矿企业的发展是离不开的,这是因为很多的工矿企业以追求自身利益为目的,而没有想到身边的水资源被破坏对人类的生产、生活会带来什么样的后果。因此这些工矿企业在生产过程中没有提供对环境保护的措施,特别是废水、排污方面的能力还处在传统模式下,因而会导致周边人们赖以生存的水资源遭到严重的破坏。

(二)城市污水处理问题

城市排水中的污染问题也是制约着经济发展的问题所在,这是因为环境监管部门严重地缺乏对生态环境的管理,所以很多的生产企业排放出的工业废水长期超标,在城市中由于人口的急剧增加,产生大量的污水,由于这些排放出的污水量过大无法平衡,使得水资源出现了不同程度的污染,想要将这种现实性的问题改善掉,一定要通过水利管理部门采取积极主动的态度去争取,各相关政府财政部门给予相应的资金帮助,提升水利管理部门的安全监管,使其能够科学地发展,更便于水利工程的管理,通过创新的水利科技手段,确保国家水利工程的安全,水利资源的各种优势充分地被利用后,可以有效地提升水利工程的经济利益。"以水为本"是科学发展需要坚持的基本观点,将水利工程的发展与环境保护合理协调,做好统筹规划,通过水利科技的创新,有效地提升国家的水利工程建设。

二、水利技术创新的应用

(一)水利信息化技术的应用

信息化技术能够提供防汛预案,支持积极会商,水利信息化不能对行政领导提供行政决策服务是目前比较普遍的问题。为了能够满足水利管理部门这方面的需求,需要在信息系统中加入防汛预案,提供洪水的预警。例如当洪水达到一定的预警级别时,这样的系统就能够给出相应的预警方案,根据方案,领导就会在会商中做出相应的调度决策。而在决策之前系统还能对放多少洪量、对下游会有什么影响等进行模拟。这样的系统也能够将水利信息完全掌控。为了让用户更快捷地了解到水利信息情况并做出相应举措，掌上 GIS 资讯系统是重要的支撑。"掌上 GIS 资讯系统"可以运行在智能手机之上，智能手机提供无线电话、短信、电话簿等功能，"掌上 GIS 资讯系统"还能够提供全面的行业资料查阅、电子地图、空间定位、实时信息浏览查询等功能，两者有机结合，基于"掌上 GIS 资讯系统"提供的及时、充分的水利信息，项目领导、相关负责人可以快速地进行决策。

（二）极大 RTK 技术的应用

RTK（Real-timekinematic）是实时动态测量，对于 RTK 测量来说，同 GPS 技术一样仍然是差分解算，但不同的只不过是实时的差分计算。RTK 技术在水利工程中的应用与计算机的普及，能够使得传统作业模式得到革新，工作效率极大提高。RTK 是一种新的常用的 GPS 测量方法，以前的静态、快速静态、动态测量都需要事后进行解算才能获得厘米级的精度，而 RTK 是能够在野外实时得到厘米级定位精度的测量方法，它采用了载波相位动态实时差分方法，是 GPS 应用的重大里程碑。它的出现为工程放样、地形测图，各种控制测量带来了新曙光，极大地提高了外业作业效率。RTK 技术相比于 GPS 技术具有明显的优势，高精度的 GPS 测量必须采用载波相位观测值，RTK 定位技术就是基于载波相位观测值的实时动态定位技术，它能够实时地提供测站点在指定坐标系中的三维定位结果，并达到厘米级精度。在 RTK 作业模式下，基准站通过数据链将其观测值和测站坐标信息一起传送给流动站。流动站不仅通过数据链接收来自基准站的数据，还要采集 GPS 观测数据，并在系统内组成差分观测值进行实时处理，同时给出厘米级定位结果，历时不足 1s。RTK 技术如何应用在水利中是一个重要的话题，在各种控制测量传统的大地测量、工程控制测量采用三角网、导线网方法来施测，不仅费工费时，要求点间通视，而且精度分布不均匀，且在外业不知精度如何，采用常规的 GPS 静态测量、快速静态、伪动态方法，在外业测设过程中不能实时知道定位精度，如果测设完成后，回到内业处理后发现精度不满足要求，还必须复测，而采用 RTK 来进行控制测量，能够实时知道定位精度，如果点位精度要求满足了，用户就可以停止观测了，而且知道观测质量如何，这样可以大大提高作业效率。

RTK 技术还可运用到地形测图中。在过去测地形图时一般首先要在测区建立图根控制点，然后在图根控制点上架上全站仪或经纬仪配合小平板测图。现在发展到外业用全站仪和电子手簿配合地物编码，利用大比例尺测图软件来进行测图，甚至于发展到最近的外业电子平板测图等，都要求在测站上测四周的地貌等碎部点，这些碎部点都与测站通视，而且一般要求至少 2～3 人操作，需要在拼图时一旦精度不合要求还得到外业去返测，现在采用 RTK 时，只需要一人背着仪器在要测的地貌碎部点待一两秒钟，并同时输入特征编码，通过手簿可以实时知道点位精度，把一个区域测完后回到室内，由专业的软件接口就可以输出所要求的地形图，这样用 RTK 仅需一人操作，不要求点间通视，大大提高了工作效率。利用 RTK 进行水利工程测量不受天气、地形、通视等条件的限制，断面测量操作简单，工作效率比传统方法提高数倍，大大节省人力。

　　水利工程对经济的发展和城市的建设都起到重要的作用,提高水利工程质量,就要提升水利技术,参与水利工程人员的专业素质,同样要做好水利工程的管理工作,与时俱进,敢于创新,促进水利工程的不断发展。

第二章　施工导流

第一节　施工导流

一、施工导流概述

（一）施工导流概念

水工建筑物一般都在河床上施工，为了避免河水对施工造成不利的影响，创造工地的施工条件，需要修建围堰围护基坑，并将原河道中各个时期的水流按照预定方式加以控制，并将部分或者全部水流导向下游。这种工作就叫做施工导流。

（二）施工导流的意义

施工导流是水利工程建设中必须妥善解决的重要问题。主要表现是：

1. 直接关系到工程的施工进度和完成期限；

2. 直接影响工程施工方法的选择；

3. 直接影响施工场地的布置；

4. 直接影响到工程的造价；

5. 与水工建筑物的形式和布置密切相关。

因此，合理的导流方式，可以加快施工进度，缩短工期，降低造价，考虑不周，不仅达不到目的，有可能造成很大危害。例如：选择导流流量过小，汛期可能导致围堰失事，轻则使建筑物、基坑、施工场地受淹，进而影响施工正常进行，重则主体建筑物可能遭到破坏，威胁下游居民生命和财产安全；选择流量过大，必然增加导流建筑物的费用，提高工程造价，造成浪费。

（三）影响施工导流的因素

影响因素比较多，如：水文、地质、地形特点；所在河流施工期间的灌溉、贡税、通航、过木等要求；水工建筑物的组成和布置；施工方法与施工布置；当地材料供应条件等。

（四）施工导流的设计任务

综合分析研究上述因素，在保证满足施工要求和用水要求的前提下，正确选择导流标准,合理确定导流方案,进行临时结构物设计,正确进行建筑物的基坑排水。

（五）施工导流的基本方法

1.基本方法有两种

（1）全段围堰导流法：即用围堰拦断河床,全部水流通过事先修好的导流泄水建筑物流走。

（2）分段围堰导流法：即水流通过河床外的束窄河床下泄,后期通过坝体预留缺口、底孔或其他泄水建筑物下泄。

2.施工导流的全段围堰法

（1）基本概念

首先利用围堰拦断河床,将河水逼向在河床以外临时修建的泄水建筑物,并流往下游。因此,该法也叫河床外导流法。

（2）基本做法

全段围堰法是在河床主体工程的上、下游一定距离的地方分别各建一道拦河围堰,使河水经河床以外的临时或者永久性泄水道下泄,主体工程就可以在排干的基坑中施工,待到主体工程建成或者接近建成时,再将临时泄水道封堵。该法一般应用在河床狭窄、流量较小的中小河道上。在大流量的河道上,只有地形、地质条件受到限制,明显采用分段围堰法不可行时才采用此法导流。

（3）主要优点

施工现场的工作面比较大,主体工程在一次性围堰的围护下就可以建成。如果在枢纽工程中,能够利用永久泄水建筑物结合施工导流时,采用此法往往比较经济。

（4）导流方法

导流方法一般根据导流泄水建筑物的类型区分：如明渠导流,隧洞导流,涵管导流,还有的用渡槽导流等。

1）明渠导流

①概念

河流拦断后,河道的水流从河岸上的人工渠道下泄的导流方式叫明渠导流。

②适宜条件

它多选在岸坡平缓、有较宽广的滩地,或者岸坡上有溪沟可以利用的地方。当渠道轴线上是软土,特别是当河流弯曲,可以用渠道裁弯取直时,采用此法比较经济,更为有利。在山区建坝,有时由于地质条件不好,或者是施工条件不足,开挖隧洞较为困难,往往也可以采用明渠导流。

③施工顺序

一般在坝头岸上挖渠,然后截断河流,使河水由明渠下泄,待主体工程建成以后,拦断导流明渠,使河水按预定的位置下泄。

④导流明渠布置要求

A. 开挖容易，挖方量小：有条件时，充分利用山坳、洼地旧河槽，使渠线最短，开挖量最小。

B. 水流通畅，泄水能力强：渠道进出口水流与河道主流的夹角不大于 30 度为好，渠道的转弯半径要大于 5 倍渠道底部的宽度。

C. 泄水时应该安全：渠道的进出口与上、下游围堰要保持一定的距离，一般上游为 30～50 米，下游为 50～100 米。导流明渠的水边到基坑内的水边最短距离，一般要大于 2.5～3.0H，H 为导流明渠水面与基坑水面的高差。

D. 运用方便：一般将明渠布置在一岸，避免两岸布置，否则，泄水时，会产生水流干扰，也会影响到基坑与岸上的交通运输。

E. 导流明渠断面：一般为梯形断面，只有在岩石完整，渠道不深时，才采用矩形断面。渠道的断面面积应满足防冲和保证通过设计施工流量的要求。

2）隧洞导流

①方案原则

在河谷狭窄的山区，岩石往往比较坚实，多采用隧洞导流。由于隧洞开挖与衬砌费用较大，施工困难，因此，要尽可能将导流隧洞与永久性隧洞结合考虑布置，当结合确有困难时，才考虑设置专用导流隧洞，在导流完毕后，应立即堵塞。

②布置说明

在水工建筑物中，对隧洞选线、工程布置、衬砌布置等都做了详细介绍，只不过导流隧洞是临时性建筑物，运用时间不长，设计级别比较低，其考虑问题的思路和方法是相同的，有关施工方法可以互相补充。

③线路选择

因影响因素很多，重点考虑地质和水力条件。

④地质条件

一般要尽量避免隧洞穿过断层、破碎带，无法避免时，要尽量使隧洞轴线与断层和破碎带的交角要大一些。为了使得隧洞结构稳定，洞顶岩石厚度至少要大于洞径的 2～3 倍。

⑤水力条件

为了保持水流顺畅，隧洞最好直线布置，必须转弯时，进口处要设直线段，并且直线段的长度应大于 10 倍的洞径或者洞宽，转弯半径应大于 5 倍的洞径或者洞宽，转角一般控制在 60 度，隧洞进口轴线与河道主流的夹角一般在 30 度以内。同时，进出口与上下游围堰之间要有适当的距离，一般大于 50 米，以防止进出口水流冲刷围堰堰体。隧洞进出口高程，从截流要求看，越低越好，但是，从洞身施工的出渣、排水、土石方开挖等方面考虑，则高一些为好。因此，对这些问题，应看具体条件，综合考虑解决。

⑥断面选择

隧洞的断面常用形式有圆形、马蹄形、城门洞形从过水，受力、施工等方面各有特点，选择时可参考水工课介绍的有关方法进行。

⑦衬砌和糙率

由于导流洞的临时性，故其衬砌的要求比一般永久性的隧洞低，但是，考虑方法是相同的。当岩石比较完整，节理裂隙不发育的，一般不衬砌，当岩石局部节理发育。但是裂隙是闭和的，没有充填物和严重的相互切割现象，同时岩层走向与隧洞轴线的交角比较大时，也可以不衬砌，或者只进行顶部衬砌。如果岩石破碎，地下水又比较丰富的要考虑全断面衬砌。为了降低隧洞的糙率，开挖时最好采用光面爆破。

3）涵管导流

在土石坝枢纽工程当中，采用涵管进行导流施工的比较多。涵管一般布置在枯水位以上的河岸的岩基上。多在枯水期先修建导流涵管，然后再修建上下游围堰，河道的水经过涵管下泄。涵管过水能力低，一般只能担负起小流量的施工导流。如果能与永久性涵管结合布置，往往是比较好的方案。涵管与坝体或者防渗体的结合部位，容易产生集中渗漏，通常要设截流环，并控制好土料的填筑质量。

3. 施工导流的分段围堰法

（1）基本概念

分段围堰法施工导流，就是利用围堰将河床分期分段围护起来，让河水从缩窄后的河床中下泄的导流方法。分期，就是从时间上将导流划分成若干个时间段，分段，就是用围堰将河床围成若干个地段。一般分为两期两段。

（2）适宜条件

一般适用于河道比较宽阔，流量比较大，工程施工时间比较长的工程，在通航的河道上，往往不允许出现河道断流，这时分段围堰法就是唯一的施工导流方法。

（3）围堰修筑顺序

一般情况下，总是先在第一期围堰的保护下修建泄水建筑物，或者建造期限比较长的复杂建筑物，例如水电站厂房等，并预留低孔、缺口，以备宣泄第二期的导流流量。第一期围堰一般先选在河床浅滩一岸进行施工，此时对原河床主流部分的泄流影响不大，第一期的工程量也小。第二期的部分纵向围堰可以在第一期围堰的保护下修建。拆除第一期围堰后，修建第二期围堰进行截流，再进行第二期工程施工，河水从第一期安排好了的地方下泄。

（4）围堰布置应考虑的六个问题

1）河床缩窄度

河床缩窄程度通常用下式表示：

$$K = (\omega_1 / \omega) \times 100\%$$

w_1 ——第一期围堰和基坑占据的过水面积 m^2；

w ——原河床的过水面积 m^2；

K ——百分数，一般受下列条件影响。

2）导流过水要求

布置一期围堰时，缩窄后的河床既要满足一期导流过水的需要，也要保证二期围堰截流后的过水要求。若是一期围的太小，基坑内布置不下二期围堰截流后的泄水建筑物，则二期过水的要求就得不到保证，反之，一期围的太多，则剩下的河床就不能保证一期泄水的需要。

3）河床不被严重冲刷

河床被缩窄后，过水断面减小，围堰上游水位壅高缩窄处的河段流速加大，河床就可能被冲刷。因此要求：被缩窄的河床段的流速不得超过允许流速。

4）地形影响

如果有合适的河心岛屿，可以作为天然的纵向围堰，特别作为一期纵向围堰，对经济效益、加快进度、保证施工安全都是特别有利的。

5）航运要求

河床缩窄，增大后的流速应满足航运部门的要求，一般航运的允许流速分别是：一般民船：1.8～2.0m/s；木筏：2.0～3.0m/s；大客轮或者拖轮：不超过2.6m/s。具体数据应由航运部门确定。

6）施工布局合理

围的范围，各个导流期内的各项主体工程施工强度比较均衡，能够适应人力、财力、设备等的供应情况，各期施工的工作面大小能够满足施工要求。

二、围堰工程

（一）围堰概述

1. 主要作用

它是临时挡水建筑物，用来围护主体建筑物的基坑，保证在干地上顺利施工。

2. 基本要求

它完成导流任务后，若是对永久性建筑物的运行有妨碍，还需要拆除。因此围堰除满足水工建筑物稳定、不透水、抗冲刷的要求外，还需要工程量要小，结构简单，施工方便，有利于拆除等。如果能将围堰作为永久性建筑物的一部分，对节约材料，降低造价，缩短工期无疑更为有利。

（二）基本类型及构造

按相对位置不同，分纵向围堰和横向围堰；按构造材料分为土围堰、土石围堰、草土围堰、混凝土围堰、板桩围堰，木笼围堰等多种形式。下面介绍六种常用类型。

1. 土围堰

土围堰与土坝布置内容、设计方法、基本要求、优缺点大体相同，但因其临时性，故在满足导流要求的情况下，力求简单，施工方便。

2. 土石围堰

这是一种石料作支撑体，黏土作防渗体，中间设反滤层的土石混合结构。抗冲能力比土围堰大，但是拆除比土围堰困难。

3. 草土围堰

这是一种草土混合结构。该法是将麦秸、稻草、芦苇、柳枝等柴草绑成捆，修围堰时，铺一层草捆，铺一层土料，如此筑起围堰。该法就地取材，施工简单，速度快，造价低，拆除方便，具有一定的抗渗、抗冲能力，容重小，特别适宜软土地基。但是不宜用于拦挡高水头，一般限于水深不超过 6 米，流速不超过 3～4 米／秒，使用期不超过 2 年的情况。该法过去在灌溉工程中，现在在防汛工程中常被用到。

4. 混凝土围堰

混凝土围堰常用于在岩基土修建的水利枢纽工程，这种围堰的特点是挡水水头高，底宽小1抗冲能力大，堰顶可溢流，尤其是在分段围堰法导流施工当中，用混凝土浇筑的纵向围堰可以两面挡水，而且可与永久建筑物相结合作为坝体或闸室体的一部。混凝土纵向或横向围堰多为重力式，为了降低工程量，狭窄河床的上游围堰也常采用拱形结构。混凝土围堰抗冲防渗性能好，占地范围小，既适用于挡水围堰，更适用于过水围堰，因此，虽造价较土石围堰相对较高，仍为众多工程所采用。混凝土围堰一般需在低水土石围堰保护下干地施工，但也可创造条件在水下浇筑混凝土或预填骨料灌浆，中型工程常采用浆砌块石围堰。混凝土围堰按其结构有重力式、空腹式、支墩式、拱式、圆筒式等。按其施工方法有干地浇筑、水下浇筑、预填骨料灌浆、碾压式混凝土及装配式等。常用的型式是干地浇筑的重力式及拱形围堰。此外还有浆砌石围堰，一般采用重力式居多。混凝土围堰具有抗冲、防渗性能好、底宽小、易于与永久建筑物结合，必要时还允许堰顶过水，安全可靠等优点，因此，虽造价较高，但在国内外仍得到较广泛的应用。例如三峡、丹江口、三门峡、潘家口、石泉等工程的纵向围堰都采用了混凝土重力式围堰，其下游段与永久导墙相结合，刘家峡、乌江渡、紧水滩、安康等工程也均采用了拱形混凝土围堰。

混凝土围堰一般需在低水土石围堰围护下施工，也有采用水下浇筑方式的。前者质量容易保证。

5. 钢板桩围堰

钢板桩围堰是最常用的一种板桩围堰。钢板桩是带有锁口的一种型钢，其截面有直板形、槽形及 Z 形等，有各种大小尺寸及联锁形式。常见的有拉尔森式，拉克万纳式等。

其优点为：强度高，容易打入坚硬土层；可在深水中进行施工，必要时加斜支撑成为一个围笼。防水性能好；能按需要组成各种外形的围堰，并可多次重复使用，因此，它的用途广泛。

在桥梁施工中常用于沉井顶的围堰，它的用途广泛。管柱基础、桩基础及明挖基础的围堰等。这些围堰多采用单壁封闭式，围堰内有纵横向支撑，必要时加斜支撑成为一个围笼。如中国南京长江大桥的管柱基础，曾使用钢板桩圆形围堰，其直径 21.9 米，钢板桩长 36 米，有各种大小尺寸及联锁形式。待水下混凝土封底达到强度要求后,抽水筑承台及墩身,抽水设计深度达 20 米。

在水工建筑中,一般施工面积很大,则常用以做成构体围堰。它是由许多互相连接的单体所构成,每个单体又由许多钢板桩组成,单体中间用土填实。围堰所围护的范围很大,不能用支撑支持堰壁,因此每个单体都能独自抵抗倾覆、滑动和防止联锁处的拉裂。常用的有圆形及隔壁形等形式。

(1)围堰高度应高出施工期间可能出现的最高水位(包括浪高)0.5～0.7m。

(2)围堰外形一般有圆形、圆端形、矩形、带三角的矩形等。围堰外形还应当考虑水域的水深,以及流速增大引起水流对围堰、河床的集中冲刷,对航道、导流的影响。

(3)堰内平面尺寸应满足基础施工的需要。

(4)围堰要求防水严密,减少渗漏。

(5)堰体外坡面有受冲刷危险时,应在外坡面设置防冲刷设施。

(6)有大漂石及坚硬岩石的河床不宜使用钢板桩围堰。

(7)钢板桩的机械性能和尺寸应符合相关规定要求。

(8)施打钢板桩前,应在围堰上下游及两岸设测量观测点,控制围堰长、短边方向的施打定位。施打时,必须备有导向设备,以保证钢板桩的正确位置。

(9)施打前,应对钢板桩锁口用防水材料捻缝,来防止出现漏水。

(10)施打顺序从上游向下游合龙。

(11)钢板桩可用捶击、振动、射水等方法下沉,但黏土中不宜使用射水下沉办法。

(12)经过整修或焊接后钢板桩应用同类型的钢板桩进行锁口试验、检查。接长的钢板桩,其相邻两钢板桩的接头位置应上下错开。

(13)施打过程中,应随时检查桩的位置是否正确、桩身是否垂直,否则应立即纠正或拔出重打。

6. 过水围堰

过水围堰是指在一定条件下允许堰顶过水的围堰。过水围堰既担负挡水任务,又能够在汛期泄洪,适用于洪枯流量比值大,水位变幅显著的河流。其优点是减小施工导流泄水建筑物规模,但过流时基坑内不能施工。

根据水文特性及工程重要性,提出枯水期 5%～10% 频率的几个流量值,通过分析论证,力争在枯水年能全年施工。中国新安江水电站施工期,选用枯水期 5% 频率的挡水设计流量 4650m³/s,实现了全年施工。对于可能出现枯水期有洪水而汛期又有枯水的河流上施工时,可通过施工强度和导流总费用(包括导流建筑物和淹没基坑的费用总和)的技术经济比较,选用恰当的挡水设计流量。为了保证堰体在过水条件下的稳定性,还需要通过计算或试验确定过水条件下的最不利流量,作为过水设计流量。

水围堰类型:通常有土石过水围堰、混凝土过水围堰、木笼过水围堰三种。后者由于用木材多,施工、拆除都较复杂,现已少用。

（1）土石过水围堰

1）型式

土石过水围堰堰体是散粒体，围堰过水时，水流对堰体的破坏作用有两种：一是过堰水流沿围堰下游坡面宣泄的动能不断增大，冲刷堰体溢流表面；二是过堰水流渗入堰体所产生的渗透压力，引起围堰下游坡连同堰体一起滑动而导致溃堰。因此，对土石过水围堰溢流面及下游坡脚基础进行可靠的防冲保护，是确保围堰安全运行的必要条件。土石过水围堰型式按堰体溢流面防冲保护使用的材料，可分为混凝土面板溢流堰、混凝土楔形体护面板溢流堰、块石笼护面溢流堰、块石加钢筋网护面溢流堰及沥青混凝土面板溢流堰等。按过流消能防冲方式为镇墩挑流式溢流堰及顺坡护底式溢流堰。通常可以按照有无镇墩区分土石过水围堰型式。

①设镇墩的土石过水围堰

在过水围堰下游坡脚处设混凝土镇墩，其镇墩建基在岩基上，堰体溢流面可视过流单宽流量及溢流面流速的大小，采用混凝土板护面或其他防冲材料护面。若溢流护面采用混凝土板，围堰溢流防冲结构可靠，整体性好，抗冲性能强，可通过较大的单宽流量。但是镇墩混凝土施工需在基坑积水抽干，覆盖层开挖至基岩后进行，混凝土达到一定强度后才允许回填堰体块石料，对围堰施工干扰大，不仅延误围堰施工工期，且存在一定的风险性。

②无镇墩的土石过水围堰

围堰下游坡脚处无镇墩堰体溢流面可采用混凝土板护面或其他防冲材料护面，过流护面向下游延伸至坡脚处，围堰坡脚覆盖层用混凝土块、钢筋石笼或其他防冲材料保护。其顺流向保护长度可视覆盖层厚度及冲刷深度而定，防冲结构应适应坍塌变形，来保护围堰坡脚处覆盖层不被淘刷。这种方式的过水围堰防冲结构较简单，有效避免了镇墩施工的干扰，有利于加快过水围堰施工，争取工期。

2）型式选择

①设镇墩的土石过水围堰适用于围堰下游坡脚处覆盖层较浅，且过水围堰高度较高的上游过水围堰。若是围堰过水单宽流量及溢流面流速较大，堰体溢流面宜采用混凝土板护面。反之，可采用钢筋网块石护面。

单宽流量及溢流面流速较大，堰体溢流面采用混凝土板护面，围堰坡脚覆盖层宜采用混凝土块柔性排或钢丝石笼、

②无镇墩的土石过水围堰适用于围堰下游坡脚处覆盖层较厚且过水围堰高度较低的下游过水围堰。若是围堰过水大块石体等适应坍塌变形的防冲结构。若是围堰过水单宽流量及溢流面流速较小，堰体溢流面可采用钢筋网块石保护，堰脚覆盖层采用抛块石保护。

（2）混凝土版

1）型式

常用的为混凝土重力式过水围堰和混凝土拱形过水围堰。

2）选择

①混凝土重力式过水围堰

混凝土重力式过水围堰通常要求建基在岩基上，对两岸堰基地质条件要求较拱形围堰低。但堰体混凝土量较拱形围堰多。因此，混凝土重力式过水围堰适用于坝址河床较宽、堰基岩体较差的工程。

②混凝土拱形过水围堰

混凝土拱形过水围堰较混凝土重力式过水围堰混凝土量减少，但对两岸拱座基础的地质条件要求较高，若拱座基础岩体出现变形，对拱圈应力影响较大。因此，混凝土拱形过水围堰适用于两岸陡峻的峡谷河床，且两岸基础岩体稳定，岩石完整坚硬的工程。

（3）结构设计

1）混凝土过水围堰过流消能

混凝土过水围堰过流消能型式为挑流、面流、底流消能，常用的为挑流消能和面流消能型式。对大型水利工程混凝土过水围堰的消能型式，尚需经过水工模型试验研究比较后确定。

2）混凝土过水围堰结构断面设计

混凝土重力式过水围堰结构断面设计计算，可参照混凝土重力式围堰设计；混凝土拱形过水围堰结构断面设计，可参照混凝土拱形围堰设计。在围堰稳定和堰体应力分析时，应计算围堰过流工况。围堰堰顶形状应考虑过流及消能要求。

7.纵向围堰

平行于水流方向的围堰为纵向围堰。

围堰作为临时性建筑物，其特点为：

（1）施工期短，一般要求在一个枯水期内完成，并在当年汛期挡水。

（2）一般需进行水下施工，但水下作业质量往往不易保证。

（3）围堰常需拆除，尤其是下游围堰。

因此，除应满足一般挡水建筑物的基本要求外，围堰还应满足：

（1）具有足够的稳定性、防渗性、抗冲性和一定的强度要求，在布置上应力求水流顺畅，不发生严重的局部冲刷。

（2）围堰基础及其与岸坡连接的防渗处理措施要安全可靠，不致产生严重集中渗漏和破坏。

（3）围堰结构宜简单，工程量小，便于修建和拆除，便于抢进度。

（4）围堰型式选择要尽量利用当地材料，降低造价，缩短工期。

围堰虽是一种临时性的挡水建筑物，但对工程施工的作用尤为重要，必须要按照设计要求进行修筑。否则，轻则渗水量大，增加基坑排水设备容量和费用；重则可能造成溃堰的严重后果，拖延工期，增加造价。这种惨痛的教训，以往也发生过，应引起足够的重视。

8. 横向围堰

拦断河流的围堰或在分期导流施工中围堰轴线基本与流向垂直且与纵向围堰连接的上下游围堰。

三、导流标准选择

（一）导流标准的作用

导流标准是选定的导流设计流量，导流设计流量是确定导流方案和对导流建筑物进行设计的重要依据。标准太高，导流建筑物规模大，投资大，标准太低，可能危及建筑物安全。因此，导流标准的确定必须根据实际情况进行导流。

（二）导流标准确定方法

一般用频率法，也就是根据工程的等级，确定导流建筑物的级别，根据导流建筑物的级别，确定相应的洪水重现期，作为计算导流设计流量的标准。

（三）标准使用注意问题

确定导流设计标准，不能没有标准而凭主观臆断；但是，由于影响导流设计的因素十分复杂，也不能将规定看成固定的，一成不变的而套用到整个施工过程中去。因此在导流设计中，一方面要依据数据，更重要的是，具体分析工程所在河流的水文特性，工程的特点，导流建筑物的特点等，经过不同方案的比较论证，才能够确定出比较合理的导流标准。

四、导流时段的选择

（一）导流时段的概念

它是按照施工导流的各个阶段进行划分的时段。

（二）时段划分的类型

一般根据河流的水文特性划分为：枯水期、中水期、洪水期。

（三）时段划分的目的

因为导流是为主体工程安全、方便、快速施工服务的，它服务的时间越短，标准可以定的越低，工程建设越经济。若尽可能地安排导流建筑物只在枯水期工作，围堰可以避免拦挡汛期洪水，就可以做得比较矮，投资就少；但是，片面追求导流建筑物的经济，可能影响主体工程施工，因此，要对导流时段进行合理划分。

（四）时段划分的意义

导流时段划分，实质上就是解决主体工程在全部建成的整个施工过程中，枯水期、中水期、洪水期的水流控制问题。也就是确定工程施工顺序、施工期间不同时段通过不同导流流量的方式，以及与之相适应的导流建筑物的高程和尺寸。因此，导流时段的确定，与主体建筑物的型式、导流的方式、施工的进度有关。

（五）土石坝的导流时段

土石坝施工过程不允许过水，若是不能在一个枯水期建成拦洪，导流时段就要以全年为标准，导流设计流量就应以全年最大洪水的一定频率进行设计。若是能让土石坝在汛期到来之前填筑到临时拦洪高程，就可以缩短围堰使用期限，在降低围堰的高度，减少围堰工程量的同时，又可以达到安全度汛，经济合理、快速施工的目的。这种情况下，导流时段的标准可以不包括汛期的施工时段。那么，导流的设计流量即为该时段按某导流标准的设计频率计算的最大流量。

（六）役和浆砌石坝的导流时段

这类坝体允许过水，因此，在洪峰到来时，让未建成的主体工程过水，部分或者全部停止施工，带洪水过后在继续施工。这样虽然增加一年中的施工时间，但是由于可以采用较小的导流设计流量，因而节约了导流费用，减少了导流建筑物的工期，可能还是经济的。

（七）导流时段确定注意问题

允许基坑淹没时，导流设计流量确定是一个必须认真对待的问题。因为，不同的导流设计流量，就有不同的年淹没次数，就有不同的年有效施工时间。每淹没一次，就要做一次围堰检修、基坑排水处理、机械设备撤退和复工返回等工作。这些都要花费一定的时间和费用。当选择的标准比较高时，围堰做的高，工程量大，但是，淹没次数少，年有效施工时间长，淹没损失费用少；反之，当选择的标准比较低时，围堰可以做的低，工程量小，但是，淹没的次数多，年有效施工时间短，淹没损失费用多。由此可见，正确选择围堰的设计施工流量，是一个衡量经济与技术的问题，还有一个国家规定的完建期限，是一个必须考虑的重要因素。

第二节　截流

一、截流概述

（一）截流

截流工程是指在泄水建筑物接近完工时，即以进占方式自两岸或一岸建筑俄堤（作为围堰的一部分）形成龙口，并将龙口防护起来，待曳水建筑物完工以后，在有利时机，全力以最短时间将龙口堵住，截断河流。接着在围堰迎水面投抛防渗材料闭气，水即全部经泄水道下泄。与闭气同时，为使围堰能挡住当时可能出现的洪水，必须立即加高培厚围堰，使之迅速达到相应设计水位的高程以上。

截流工程是整个水利枢纽施工的关键，它的成败会直接影响到工程进度。如果失败，就可能使进度推迟一年。截流工程的难易程度取决于：河道流量、泄水条件；龙口的落差、流速、地形地质条件；材料供应情况及施工方法、施工设备等因素。因此事先必须经过充分的分析研究，采取适当措施，才能保证截流施工中争取主动，顺利完成截流任务。

河道截流工程在我国已有千年以上的历史。在黄河防汛、海塘工程和灌溉工程上积累了丰富的经验，如利用捆厢帚、柴石枕、柴土枕、杨权、排桩填帚截流，不仅施工方便速度快，而且就地取材，因地制宜经济适用。新中国成立以后，我国水利建设发展迅速，江淮平原和黄河流域的不少截流堵口、导流堰工程多是采用这些传统方法完成的。此外，还广泛采用了高度机械化投块料截流的方法。

从 20 世纪 50 年代开始，由于水利建设逐步转到大河流，山区峡谷落差大（4~10cm）、流量大，加上重型施工机械的发展，立堵截流开始有了发展；与之相应，世界上对立堵水力学的研究也普遍开展。所以从 20 世纪 60 年代以来，立堵截流在世界各国河道截流中已成为主要方式。截流落差大 5m 为常见，更高有达 10m 的由于高落差下进行立堵截流，于是就出现了双俄堤、三俄堤、宽俄堤的截流方法，以后立堵不仅用于岩石河床而且也向可冲刷基床推广。如法国塞纳河截流，流量 9000~10000m³/s，落差 1.6m，是在粗沙基床上立堵成功的例子，对于落差较大的可冲河床截流，可用平堵先垫高龙口或护底，或用多触堤分和龙口落差，借以减轻大流量高落差下可冲刷河床上立堵的难度。

我国在总结了传统的立堵截流经验的基础上，根据我国实际情况，绝大多数河道截流工程都是用立堵法完成的。

我国在海河、射阳、新洋港等潮汐口修建断流坝时，采取柴石枕护底，继而用梢捆进占压束河床至 100~200m，再在平潮时用船投重型柴石枕加厚护底，抬高潜堤高度，最后用捆帚进占合龙，在软基帚工截流上用平立堵结合方法取得了成功。

（二）截流的重要性

截流若不能按时完成，整个围堰内的主体工程都不能按时开工。若是一旦截流失败，造成的影响更大。所以，截流在施工导流中占有十分重要的地位。施工过程中，一般把截流作为施工过程的关键问题和施工进度中的控制项目。

（三）截流的基本要求

（1）河道截流是大中型水利工程施工过程中的一个重要环节。截流的成败直接关系到工程的进度和造价，设计方案必须稳妥可靠，保证截流成功。

（2）选择截流方式应充分分析水利学参数、施工条件和难度、抛投物数量和性质，并进行技术经济比较。

①单钱立堵截流简单易行，辅助设备少，较经济，使用于截流落差不超过 3.5m。但龙口水流能量相对较大，流速较高，需制备重大抛投物料相对较多。

②双俄和双俄立堵截流,可分担总落差,改善截流难度,使用于落差大于 3.5m。

③建造浮桥或栈桥平堵截流,水力学条件相对较好,但造价高,技术复杂,一般不常选用。

④定向爆破、建闸等方式只有在条件特殊、充分论证后方宜选用。

(3)河道截流前,泄水道内围堰或其他障碍物应予清除;因水下部分障碍物不易剔除干净,会影响到泄流能力加大截流难度,设计中宜留有余地。

(4)俄堤轴线应根据河床和两岸地形、地质、交通条件、主流流向、通航、过分要求等因素综合分析选定,俄堤宜为围堰堰体组成部分。

(5)确定胧口宽度及位置应考虑:

①龙口工程量小,应保证预进占段裹头不招致冲刷破坏。

②河床水深较浅、覆盖层较薄或基岩部位,有利于截流工程施工。

(6)若龙口段河床覆盖层抗冲能力低,可预先在龙口抛石或抛铅丝笼护底,增大糙率为抗冲能力,减少合龙工作量,降低截流难度。护底范围通过水工模型试验或参照类似工程经验拟定。一般立堵截流的护底长度与龙口水跃特性有关,轴线下游护底长度可以按照水深的 3~4 倍取值,轴线以上可按最大水深的两倍取值。护底顶面高程在分析水力学条件、流速、能量等参数。以及护底材料后确定护底度根据最大可能冲刷宽度加一定富裕值来确定。

(7)截流抛投材料选择原则:

①预进占段填料尽可能利用开挖渣料和当地天然料。

②龙口段抛投的大块石、石串或混凝土四面体等人工制备材料数量应慎重研究确定。

③截流备料总量应根据截流料物堆存、运输条件、可能流失量及俄堤沉陷等因素综合分析,并留适当备用量。

④俄堤抛投物应具有较强的透水能力,且易于起吊运输。

(8)重要截流工程的截流设计应通过水工模型试验验证并提出截流期间相应的观测设施。

(四)截流的相关概念和过程:

1. 进占:截流一般是先从河床的一侧或者两侧向河中填筑截流戢堤这种向水中筑堤的各工作叫进占;

2. 龙口:俄堤填筑到一定程度,河床渐渐被缩窄,接近最后时,便形成了一个流速较大的临时的过水缺口,这个缺口叫作龙口;

3. 合龙(截流):封堵龙口的工作叫作合龙,也称截流;

4. 裹头:在合龙开始之前,为了防止龙口处的河床或者俄堤两端被高速水流冲毁,要在龙口处和俄堤端头增设防冲设施予以加固,这项工作称为裹头;

5. 闭气:合龙以后,戢堤本身是漏水的,因此,要在迎水面设置防渗设施,在俄堤全线设置防渗设施的工作就叫闭气。

6. 截流过程：从上述相关概念可以看出：整个截流过程就是抢筑戗堤，先后过程包括戗堤的进占、裹头、合龙、闭气四个步骤。

二、截流材料

截流时用什么样的材料，取决于截流时可能发生的流速大小，工地上起重和运输能力的大小。过去，在施工截流过程中，在堤坝溃决抢堵时，常用梢料、麻袋、草包、抛石、石笼、竹笼等，近些年来，国内外在大江大河的截流中，抛石是基本的材料合法法，此外，当截流水力条件比较差时，采用混凝土预制的六面体、四面体、四脚体，预制钢筋混凝土构架等。在截流过程中，合理选择截流材料的尺寸、重量，对于截流的成败和截流费用的大小，都将产生很大的影响。材料的尺寸和重量主要取决于截流合龙时的流速。

三、截流方法

（一）投抛块料截流施工方法

投抛块料截流是目前国内外最常用的截流方法，适用于各种情况，特别适用于大流量、大落差的河道上的截流。该法是在龙口投抛石块或人工块体（混凝土方块、混凝土四面体、铅丝笼、竹笼、柳石枕、串石等）堵截水流，迫使河水经导流建筑物下泄。采用投抛块料截流，按不同的投抛合龙方法，截流可分为平堵、立堵、混合堵三种方法。

1. 平堵

先在龙口建造浮桥或栈桥，由自卸汽车或其他运输工具运来块料，沿龙口前沿投抛，先下小料，随着流速增加，逐渐投抛大块料，使堆筑俄堤均匀地在水下上升，直至高出水面。一般情况下说来，平堵比立堵法的单宽流量小，最大流速也小，水流条件较好，可以减小对龙口基床的冲刷。所以特别适用于易冲刷的地基上截流。由于平堵架设浮桥及栈桥，对机械化施工有利，因而投抛强度大，容易截流施工；但是在水深流速快的情况下架设浮桥、建造栈桥是比较困难的，因此限制了它的采用。

2. 立堵

用自卸汽车或其他运输工具运来块料，以端进法投抛（从龙口两端或一端下料）进占戗堤，直至截断河床。一般情况下来说，立堵在截流过程中所发生的最大流速，单宽流量都较大，加以所生成的楔形水流和下游形成的立轴漩涡，对龙口及龙口下游河床将产生严重冲刷，因此不适用于地质不好的河道上截流，否则需要对河床作妥善防护。由于端进法施工的工作前线短，限制了投抛强度。有时为了施工交通要求特意加大微堤顶宽，这又大大增加了投抛材料的消耗。但是立堵法截流，无须架设浮桥或栈桥，简化了截流准备工作，因而赢得了时间，节约了资金，所以我国黄河上许多水利工程（岩质河床）都采用了这个方法截流。

3. 混合堵

这是采用立堵结合平堵的方法。有先平堵后立堵和先立堵后平堵两种。用得比较多的是首先从龙口两端下料保护俄堤头部，同时进行护底工程并抬高龙口底槛高程到一定高度，最后用立堵截断河流。平抛可以采用船抛，然后用汽车立堵截流。新洋港（土质河床）就是采用这种方法截流的。

（二）爆破截流施工方法

1. 定向爆破截流

如果坝址处于峡谷地区，而且岩石坚硬，交通不便，岸坡陡峻，缺乏运输设备时，可利用定向爆破截流。我国碧口水电站的截流就利用左岸陡峻岸坡设计设置了三个药包，一次定向爆破成功，堆筑方量 6800m³，堆积高度平均 10m，封堵了预留的 20m 宽龙口，有效抛掷率为 68%。

2. 预制混凝土爆破体截流

为了在合龙关键时刻，瞬间抛入龙口大量材料封闭龙口，除了用定向爆破岩石外，还可在河床上预先浇筑巨大的混凝土块体，合龙时将其支撑体用爆破法炸断，促使块体落入水中，将龙口封闭。我国三门峡神门岛泄水道的合龙就曾利用此法抛投 45.6m³ 大型混凝土块。原苏联的哥洛夫电站瞬时抛投 750m³ 的混凝土墙。刚果的构达枢纽，曾经考虑过爆破重达 2.8 万 t 混凝土块，尺寸为 45m×21.5m×18m，形状与岩石河床断面相适应。

应当指出，采用爆破截流，虽然可以利用瞬时的巨大抛投强度截断水流，但因瞬间抛投强度很大，材料入水时会产生很大的挤压波，巨大的波浪可能使已修好的戗堤遭到破坏，并会造成下游河道瞬时断流。除此以外，定向爆破岩石时，还需考虑个别飞石距离，空气冲击波和地震的安全影响距离。

（三）下闸截流施工方法

人工泄水道的截流，常在泄水道中预先修建闸墩，最后采用下闸截流。天然河道中，有条件时也可设截流闸，最后下闸截流，三门峡鬼门河泄流道就曾采用这种方式，下闸时最大落差达 7.08m，历时 30 余小时；神门岛泄水道也曾考虑下闸截流，但闸墩在汛期被冲倒，后来改为管柱拦石栅截流。

除以上方法外，还有一些特殊的截流合龙方法。如木笼、钢板桩、草土、村搓堰截流、水力冲填法截流等。

综上所述，截流方式虽多，但通常多采用立堵、平堵或综合截流方式。截流设计中，应充分考虑影响截流方式选择的条件，拟定几种可行的截流方式，通过水文气象条件、地形地质条件、综合利用条件、设备供应条件、经济指标等全面分析，进行技术比较，从中选定最优方案。

四、截流工程施工设计

（一）截流时间和设计流量的确定

1. 截流时间的选择

截流时间应根据枢纽工程施工控制性进度计划或总进度计划决定，至于时段选择，一般应充分考虑以下原则，经过全面分析比较而定。（1）尽可能在较小流量时截流，但必须全面考虑河道水文特性和截流应完成的各项控制工程量，合理使用枯水期。（2）对于具有通航、灌溉、供水、过木等特殊要求的河道，应该全面兼顾到这些要求，尽量使得截流对河道的综合影响降到最小。（3）有冰冻河流，一般不在流冰期截流，避免截流和闭气工作复杂化，如特殊情况必须在流冰期截流时应有充分论证，并有周密的安全措施。

2. 截流设计流量的确定

除了频率法以外，也有不少工程采用实测资料分析法，当水文资料系列较长，河道水文特性稳定时，这种方法可应用。至于预报法，因当前的可靠预报期较短，一般不能在初设中应用，但在截流前夕有可能根据预报流量适当修改设计。

在大型工程截流设计中，通常多以选取一个流量为主，再考虑较大、较小流量出现的可能性，用几个流量进行截流计算和模型试验研究。对于有深槽和浅滩的河道，如分流建筑物布置在浅滩上，对截流的不利条件，要特别进行研究。

（二）截流戗堤轴线和龙口位置的选择方法

1. 戗堤轴线位置选择

通常截戗堤是土石横向围堰的一部分，应该结合围堰结构和围堰布置进行统一考虑。单戗截流的戗堤可布置在上游围堰或下游围堰中非防渗体的位置。如果戗堤靠近防渗体，在二者之间应留足闭气料或过渡带的厚度，同时应防止合龙时的流失料进入防渗体部位，以免在防渗体底部形成集中漏水通道。为了在合龙后能迅速闭气并进行基坑抽水，一般情况下将单戗堤布置在上游围堰内。

当采用双戗多戗截流时，戗堤间距满足一定要求，才能发挥每条戗堤分担落差的作用。如果围堰底宽不太大，上、下游围堰间距也不太大时，可将两条戗堤分别布置在上、下游围堰内，大多数双戗截流工程都是这样做的。如果围堰底宽很大，上、下游间距也很大，可考虑将双戗布置在一个围堰内。当采用多戗时，一个围堰内通常也需布置两条戗堤，此时，两戗堤间均应有适当间距。

在采用土石围堰的一般情况下，均将截戗堤布置在围堰范围内。但是也有戗堤不与围堰相结合的，戗堤轴线位置选择应与龙口位置保持一致。如果围堰所在处的地质、地形条件不利于布置戗堤和龙口，而戗堤工程量又很小，则可能将截流戗堤布置在围堰以外。龚嘴工程的截流戗就布置在上、下游围堰之间，而不与围堰相结合。由于这种戗堤多数均需拆除，因此,采用这种布置时应有专门论证。平堵截流戗堤轴线的位置,应考虑便于抛石桥的架设。

2. 龙口位置选择

选择龙口位置时,应着重考虑地质、地形条件及水力条件。从地质条件来看,龙口应尽量选在河床抗冲刷能力强的地方,如岩基裸露或覆盖层较薄处,这样可避免合龙过程中的过大冲刷,防止戗堤突然塌方失事。从地形条件来看,龙口河底不宜有顺流流向陡坡和深坑。如果龙口能选在底部基岩面粗糙、参差不齐的地方,则有利于抛投料的稳定。另外,龙口周围应有比较宽阔的场地,离料场和特殊截流材料堆场的距离近,便于布置交通道路和组织高强度施工,这一点也是十分重要的。从水力条件来看,对于有通航要求的河流,预留龙口一般均布置在深槽主航道处,有利于合龙前的通航,至于对龙口的上下游水流条件的要求,以往的工程设计过程中有两种不同的见解:一种是认为龙口应布置在浅滩,并尽量造成水流进出龙口折冲和碰撞,以增大附加壅水作用;另一种见解是认为进出龙口的水流应平直顺畅,因此可将龙口设在深槽中。实际上,这两种布置各有利弊,前者进口处的强烈侧向水流对戗堤端部抛投料的稳定不利,由龙口下泄的折冲水流易对下游河床和河岸造成冲刷。后者的主要问题是合龙段戗堤高度大,进占速度慢,而且深槽中水流集中,不易创造出较好的分流条件。

3. 龙口宽度

龙口宽度主要根据水力计算而定,对于通航河流,决定龙口宽度时应着重考虑通航要求,对于无通航要求的河流,主要考虑戗堤预进占所使用的材料及合龙工程量。形成预留龙口前,通常均使用一般石渣进占,根据其抗冲流速可计算出相应的龙口宽度。另一方面,合龙是高强度施工,一般合龙时间不宜过长,工程量不宜过大。当此要求与预进占材料允许的束窄度有矛盾时,也可尽量考虑提前使用部分大石块,或者尽量提前分流。

4. 龙口护底

对于非岩基河床,当覆盖层较深,抗冲能力小,截流过程中为防止覆盖层被冲刷,一般在整个龙口部位或困难区段进行平抛护底,防止截流料物流失量过大。对于岩基河床,有时为了减轻截流难度,增大河床糙率,也抛投一些料物护底并形成拦石坎。

龙口护底是一种保护覆盖层免受冲刷,降低截流难度,提高抛投料稳定性及防止戗堤头部坍塌的有效的措施。

(三)截流泄水道的设计

截流泄水道是指在戗堤合龙时水流通过的地方,例如束窄河槽、明渠、涵洞、隧洞、底孔和堰顶缺口等均为泄水道。截流泄水道的过水条件与截流难度关系很大,应该尽量创造良好的泄水条件,减少截流难度,平面布置应平顺,控制断面尽量避免过大的侧收缩、回流。弯道半径亦需适当,减少不必要的损失。泄水道的泄水能力、尺寸、高度应与截流难度进行综合比较选定,在截流有充分把握的条件下尽量减少泄水道工程量,降低造价。在截流条件不利、难度大的情况下,可加大泄水道尺寸或降低高程,以减少截流难度。泄水道计算中应考虑沿程损失、弯道损失、局部损失。弯道损失可单独计算，亦可纳入综合糙率内。如泄水道为隧洞，截流时其流态以明渠为宜，应避免出现半压力流态。在截流难度大或条件较复杂的泄水道，则应通过模型试验核定截流水头。

泄水道内围堰应拆除干净，少留阻水燫子。如估计来不及或无法拆除干净时，应考虑其对截流水头的影响。如截流过程中，由于冲刷因素有可能使下游水位降低，增加截流水头时，则在计算和试验时应予充分考虑。

五、截流工程施工作业

（一）截流材料和备料量

截流材料的选择，主要取决于截流时可能的流速及工地开挖、起重、运输设备的能力，一般应尽可能就地取材。在黄河，长期以来用梢料、麻袋、草包、石料、土料等作为堤防溃口的截流堵口材料。在南方，如四川都江堰，则常用卵石竹笼、砾石和料搓等作为截流堵河分流的主要材料。国内外大江大河截流的实践证明，块石是截流的最基本材料。此外，当截流水力条件差时还需要使用人工块体，如混凝土六面体、四面体四脚体及钢筋混凝土构架等。

为了确保截流既安全顺利，又经济合理，正确计算截流材料的备料量是十分必要的。备料量通常按设计的钱堤体积再增加一定裕度，主要是考虑到堆存、运输中的损失，水流冲失，戗堤沉陷以及可能发生比设计更恶劣的水力条件而预留的备用量等。但是据不完全统计，国内外许多程的截流材料备料量均超过实用量，少者多余50%，多则达400%，尤其是人工块体大量多余。

造成截流材料备料量过大的原因，主要是：①截流模型试验的推荐值本身就包含了一定安全裕度，截流设计提出的备料量又增加了一定富裕，而施工单位在备料时往往在此基础上又留有余地；②水下地形不太准确，在计算戗堤体积时，从安全角度考虑取偏大值；③设计截流流量通常大于实际出现的流量等。如此层层加码，处处考虑安全富裕，所以即使像青铜峡工程的截流流量，实际大于设计，仍然会出现备料量比实际用量多78.6%的情况。因此，如何正确估计截流材料的备用量，是一个很重要的课题。当然，备料恰如其分，一般不大可能。需留有余地。但是对剩余材料，应预作筹划，安排好用处，特别像四面体等人工材料，大量弃置，既浪费，又影响环境，可考虑用于护岸或其他河道整治工程。

（二）截流日期与设计流量的选定

截流日期的选择，不仅影响到截流本身是否能顺利进行，而且直接影响到工程施工布局。

截流应选在枯水期进行，因为此时流量小，不仅断流容易，耗材少而且有利于围堰的加高培厚。至于截流选在枯水期的什么时段，首先要保证截流以后全年挡水围堰能在汛前修建到拦洪水位以上，若是作用一个枯水期的围堰，应保证基坑内的主体工程在汛期到来以前,修建到拦洪水位以上(土坝)或常水位以上(混凝土坝等可以过水的建筑物)。因此,应尽量安排在枯水期的前期,使截流以后有足够时间来完成基坑内的工作。对于北方河道,截流还应避开冰凌时期,因冰凌会阻塞龙口,影响截流进行,而且截流后,上游大量冰块堆积也将严重影响闭气工作。一般来说南方河流最好不迟于12月底,北方河流最好不迟于1月底。截流前必须充分及时地做好准备工作。如泄水建筑物建成可以过水,准备好了截流材料,充分及其他截流设施等。不能贸然施工,使截流工作陷于被动。

截流流量是截流设计的依据,选择不当,或使截流规模(龙口尺寸、投抛料尺寸或数量等等)过大造成浪费;或规模过小,造成被动,甚至功亏一篑,最后拖延工期,进而影响到整个施工布局。所以在选择截流流量时,应该慎重。

总之截流流量应根据截流的具体情况,充分分析该河道的水文特性来进行选择。

(三)截流最大块体选择

截流块体重量小流失多,重量大流失小,要综合考虑截流可靠性与经济性两方面的因素来选定。如利用开挖石渣废料及少量大石,流失量大,但有把握进行截流,而且比较经济,

又不需特大型汽车;如截流难度大,利用石渣及少量一般大石没有把握,可加大块石尺寸和数量,或用混凝土块,其重量大小既要考虑流失量又要考虑到利用已有汽车载重能力。

第三节　基坑排水

一、基坑排水概述

(一)排水目的

在围堰合龙闭气以后,排除基坑内的存水和不断流入基坑的各种渗水,以便于使基坑保持干燥状态,为基坑开挖、地基处理、主体工程正常施工创造有利条件。

(二)排水分类及水的来源

按排水的时间和性质不同,一般分两种排水:

1. 初期排水

围堰合龙闭气后接着进行的排水,水的来源是:修建围堰时基坑内的积水、渗水、雨天的降水。

2. 经常排水

在基坑开挖和主体工程施工过程中经常进行的排水工作,水的来源是:基坑内的渗水、雨天的降水,主体工程施工的废水等。

3. 排水的基本方法

基坑排水的方法有两种：明式排水法（明沟排水法）、暗式排水法（人工降低地下水位法）。

二、初期排水

（一）排水能力估算

选择排水设备，主要根据需要排水的能力，而排水能力的大小又要考虑到排水时间安排的长短和施工条件等因素。

（二）排水时间选择

排水时间的选择受到水面下降速度的制约，而水面下降速度要考虑围堰的型式、基坑土壤的特性，基坑内的水深等情况，水面下降慢，影响基坑开挖的开工时间；水面下降快，围堰或者基坑的边坡中的水压力变化大，很容易造成塌坡。因此水面下降速度一般限制在每昼夜 0.5~1.0 米的范围内。当基坑内的水深已知，水面下降速度基本确立的情况下，初期排水所需要的时间也就确定了。

（三）排水设备和排水方式

根据初期排水要求的能力，可以确定所需要的排水设备的容量。排水设备一般用普通的离心水泵或者潜水泵。为了便于组合，方便运转，一般选择容量不同的水泵。排水泵站一般分固定式和浮动式两种，浮动式泵站可以随着水位的变化而改变高程，比较灵活，若采用固定式，当基坑内的水深比较大的时候，可以采取，将水泵逐级下放到基坑内，在不同高程的各个平台上进行抽水。

三、经常性排水

主体工程在围堰内正常施工的情况下，围堰内外水位差很大，外面的水会向基坑内渗透，雨天的雨水，施工用的废水，都需要及时排除，否则会影响主体工程的正常施工进程。因此经常性排水是不可缺少的工作内容。经常性排水一般采取明式排水或者暗式排水法（人工降低地下水位的方法）。

（一）明式排水法

1. 明式排水的概念

指在基坑开挖和建筑物施工过程中，在基坑内布设排水明沟、设置集水井，抽水泵站，而形成的一套排水系统。

2.排水系统的布置：这种排水系统有两种情况

（1）基坑开挖排水系统

该系统的布置原则是：不能够妨碍开挖和运输，一般布置方法是：为了两侧出土方便，在基坑的中线处布置排水干沟，而且要随着基坑开挖进度，逐渐加深排水沟，干沟深度一般保持 1～1.5 米，支沟 0.3～0.5 米，集水井的底部要低于干沟的沟底。

（2）建筑物施工排水系统

排水系统一般布置在基坑的四周，排水沟布置在建筑物轮廓线的外侧，为了不影响基坑边坡稳定，排水沟距离基坑边坡坡脚 0.3～0.5 米。

（3）排水沟布置

内容包括断面尺寸的大小，水沟边坡的陡缓、水沟底坡的大小等，主要根据排水量的大小来决定。

（4）集水井布置

一般布置在建筑物轮廓线以外比较低的地方，集水井、干沟与建筑物之间也应该保持适当距离，原则上不能够影响建筑物施工和施工过程中材料的堆放、运输等。

（二）暗式排水法（人工降低地下水位法）

1.基本概念

在基坑开挖之前，在基坑周围钻设滤水管或滤水井，在基坑开挖和建筑物施工过程当中，从井管中不断抽水，以使基坑内的土壤始终保持干燥状态的做法叫暗式排水法。

2.暗式排水的意义

在细砂、粉沙、亚砂土地基上开挖基坑，若是地下水位比较高时，随着基坑底面的下降，渗透水位差会越来越大，渗透压力也必然越来越大，因此容易产生流沙现象，一边开挖基坑，一边冒出流沙，开挖非常困难，严重时会出现滑坡，甚至危及临近结构物的安全和施工的安全。因此，人工降低地下水位是必要的。常用的暗式排水法有管井法和井点法两种。

3.管井排水法

（1）基本原理

在基坑的周围钻造一些管井，管井的内径一般 20～40 厘米，地下水在重力作用下，流入井中，然后，用水泵进行抽排。抽水泵有普通离心泵、潜水泵、深井泵等，可根据水泵的不同性能和井管的具体情况选择。

（2）管井布置

管井一般布置在基坑的外围或者基坑边坡的中部，管井的间距应视土层渗透系数的大小，而正渗透系数小的，间距小一些，渗透系数大的，间距大一些，一般为 15～25 米。

（3）管井组成

管井施工方法就是农村打机井的方法。管井包括井管、外围滤料、封底填料三部分。井管无疑是最重要的组成部分，它对井的出水量和可靠性影响很大，要求它过水能力大，进入泥沙少,应有足够的强度和耐久性。因此一般采用无砂混凝土预制管,也有的用钢制管。

（4）管井施工

管井施工多用钻井法和射水法。钻井法先下套管,再下井管,然后一边填滤料,一边拔出套管。射水法是用专门的水枪冲孔,井管随着冲孔下沉。这种方法主要是根据不同的土壤性质选择不同的射水压力。

（5）井点排水法

井点排水法分为轻型井点、喷射井点、电渗井点三种类型,它们都适用雨渗透系数比较小的土层排水,其渗透系数都在 0.1～50 米／天。但是它们的组成比较复杂,如轻型井点就有井点管、集水总管、普通离心式水泵、真空泵、集水箱等设备组成。当基坑比较深,地下水位比较高时,还要采用多级井点,因此需要设备多,工期长,基坑开挖量大,一般不经济。

第三章 地基处理与基础工程施工

第一节 岩基灌浆

灌浆是用压力将可凝结的浆液通过钻孔或管道注入建筑物或地基的缝隙中，来提高其强度、整体性和抗渗性能的工程措施。按照加固原理的分类，灌浆法属于灌入固化物类的地基处理方法。岩基灌浆是将水泥浆液或化学灌浆材料压入岩层裂隙中，硬化胶结，提高强度、抗渗性、弹性模量，改善整体性的地基处理措施。岩基灌浆处理应在分析研究岩基地质条件、建筑物类型和级别、承受水头、地基应力和变位等因素后选择确定。

一、分类及作用

岩基灌浆按目的不同，一般有帷幕灌浆、固结灌浆和接触灌浆。

（1）帷幕灌浆是用灌浆充填地基中的缝隙形成阻水帷幕，以降低作用在建筑物底部的扬压力或减小渗流量的工程措施。

（2）固结灌浆是用灌浆加固有裂隙或软弱的地基，来增强其整体性和承载能力的工程措施。

（3）接触灌浆是用灌浆增强水工建筑物与地基之间的结合力，提高坝体抗滑稳定性的工程措施。

按灌浆压力不同，有高压灌浆（灌浆压力大于或等于 3MPa）和低压灌浆（灌浆压力小于3MPa）。下面以水泥灌浆为重点，介绍灌浆施工，包括了钻孔、冲洗、压水试验、灌浆、封孔和质量检查等工艺。

二、钻孔作业

灌浆孔是为使浆液进入灌浆部位而钻设的孔道，需要用钻孔机械进行钻孔。

（一）钻孔机械

常用钻孔机械有回转冲击式钻机、液压回转冲击式钻机或液压回转式钻机。回转冲击式钻机，有时不能满足灌浆要求，不能取岩心。液压回转冲击式钻机，比回转冲击式钻机有改进,使用得越来越多。

液压回转式钻机,钻头压削,钻进速度较高,受孔深、孔向、孔径和岩石硬度的限制较少,软硬岩均可,又可以取岩心,常用来钻几十米甚至百米以上的深孔。如 SG2-1 液压回转钻机,开口孔径 76~150mm,钻孔深 100~600m,液压给进 8~80m,钻杆 D=33~90mm,钻杆长 L=3~7.5m,可以分别采用镶钻石钻头、硬质合金钻头、金刚石钻头,有用于收护岩芯的岩芯管,要设套管用以孔壁防塌。

应在分析地层特性、灌浆深度、钻孔孔径和方向、对岩心的要求、现场施工条件等因素后,选定钻孔机械。一般宜选机体轻便、结构简单、运行可靠、便于拆卸的机械。帷幕灌浆孔宜采用回转式钻机和金刚石钻头或硬质合金钻头钻进;固结灌浆可采取各式合宜的钻机和钻头钻进。

(二)钻孔要点

灌浆质量与钻孔质量密切相关。对于钻孔质量,总的要求是:确保孔位、孔向、孔深符合设计及误差要求,力求孔径上下均一,孔壁平顺,钻孔中产生的粉屑较少。

(1)孔位要统一编号,帷幕灌浆钻孔位置与设计位置的偏差不得大于 10cm。

(2)孔径均一,孔壁平顺,则灌浆栓塞能够卡紧卡牢,保证灌浆的压力和质量。钻孔中产生过多的粉屑,会堵塞孔壁的裂隙,影响灌浆质量。帷幕灌浆孔宜采用较小的孔径。

(3)孔向和孔深是保证灌浆质量的关键。孔深即钻杆地钻进深度易于控制。而孔向的控制比较困难,特别是钻深孔、斜孔。掌握钻孔方向更加困难。

三、钻孔冲洗

钻孔以后,要将钻孔及裂隙冲洗干净,孔内沉积物厚度不得超过 20cm。这样才能较好地保证灌浆质量。冲洗工作通常分为孔壁冲洗和裂隙冲洗,可采用灌浆泵或泥浆泵或砂浆泵和冲洗管。

(一)孔壁冲洗

将钻杆(或导管)下到孔底,用钻杆前端的大流量压力水,由下而上冲洗,冲至回水清净延续 5~10min 为止。

(二)裂隙冲洗

有单孔冲洗和群孔冲洗,在卡紧灌浆栓塞后进行。单孔冲洗适用于裂隙比较少的岩层,冲洗方法有高压压水冲洗、高压脉动冲洗和压气扬水冲洗。群孔冲洗适用于岩层破碎,节理裂隙发育致在钻孔之间互相串通的地层。

1.高压压水冲洗

在冲洗时,尽可能地将压力升高,使整个冲洗过程在高压状态,以将裂隙中的充填物推移、压实。冲洗水的压力可采用同段灌浆压力的 80%。冲洗结束的标准,通常要求回水清净,流量稳定 20min 以上。

2. 高压脉动冲洗

先用高压水冲洗,冲洗压力可采用灌浆压力的 80%,经过 5~10min 后,孔口压力在几秒钟内突然降到零,形成反向脉动水流,将裂隙中的充填物吸出,此时回水多呈浑浊。当回水由浑变清后,再升高到原来的压力,如此一升一降,一压一放,反复冲洗。回水不再浑浊后,延续 10~20min,冲洗结束。压力差越大,冲洗效果越好。

3. 压气扬水冲洗

对于地下水位较高,地下水补给条件好的钻孔,可采用压气扬水冲洗。将冲洗管下到孔底,通入压缩空气。孔中水气混合后,由于比重减轻,在地下水压力作用下,加之压缩空气的释压膨胀与返流作用,挟带孔隙内的碎屑喷出孔口。如果孔内水位恢复较慢,则可向孔内补水,间歇地扬水,直到裂隙冲洗干净。宁夏青铜峡工程曾经用此法冲洗断层破碎带,其效果比高压压水冲洗要好。

4. 群孔冲洗

是将两个或两个以上的钻孔组成孔组,轮换地向一个孔或几个孔压进压力水或压力水混合压缩空气,从其余的孔排出浊水,反复交替冲洗,至回水不再浑浊。群孔冲洗时,沿孔深的冲洗段划分不宜过长。否则,冲洗段内裂隙条数过多,会分散冲洗压力和冲洗流量,还会出现水量总在先贯通的裂隙中流动而其他裂隙冲洗不好的情况。

另外,还有风水联合冲洗,是在脉动冲洗中通入压缩空气。

不论是采用哪一种冲洗方法,都可以在冲洗液中加入适量的化学剂,如碳酸钠（Na_2CO_3）、苛性钠（$NaOH$），或碳酸氢钠（$NaHCO_3$）等,以利于泥质充填物的充分溶解,提高冲洗效果。加入化学剂的品种和掺量,宜通过试验确定。

采用高压力冲洗时,要格外注意防止岩层的抬动和变形,冲洗压力不超过 1MPa。

地质条件复杂地区的帷幕灌浆孔（段）,是否需要进行裂隙冲洗以及如何冲洗,应通过现场灌浆试验或由设计确定。

四、压水试验

压水试验是将水压入钻孔,根据岩层的吸水量来确定岩体裂隙发育情况和透水性的一种试验工作。压水试验的目的是测定地层的渗透特性,是在一定的压力下,通过钻孔将水压入钻孔周围的缝隙中,根据压入的水量及时间,计算和分析出代表岩层渗透特性的技术参数。

五、灌浆

（一）灌浆材料

1. 水泥

灌浆所采用的水泥品种，应根据灌浆目的和环境水的侵蚀作用等来确定。通常情况下，应采用普通硅酸盐水泥或硅酸盐大坝水泥。当有耐酸或其他要求时，可用抗酸水泥或其他特种水泥。使用矿渣硅酸盐水泥或火山灰质硅酸盐水泥灌浆时，应得到设计许可。所用的水泥标号不应低于 32.5R，水泥必须要符合质量标准，应该严格防潮。

帷幕灌浆，对水泥细度的要求为通过 $80\mu m$ 方孔筛（GB6005 标准筛）的筛余量不宜大于 5%，当缝隙张开度小于 0.5mm 时，对水泥细度的要求为通过 $71\mu m$ 方孔筛的筛余量不宜大于 2%。

2. 水

灌浆用水应符合水工混凝土用水的要求。

3. 浆液

水工建筑物灌浆一般使用纯水泥浆，浆液水灰比不宜稀于 1 : 1（重量比，以下同）。特殊情况下，根据需要，通过灌浆试验（指在进行灌浆处理前，为了解地基可灌性及选定灌浆参数和工艺而在现场进行的试验工作）论证，可使用下列类型浆液：

（1）细水泥浆液。系指干磨水泥浆液、湿磨水泥浆液和超细水泥浆液，适用于缝隙张开度小于 0.5mm 的灌浆。

（2）稳定浆液。系指掺有少量稳定剂，析水率不大于 5% 的水泥浆液，适用于遇水则性能易恶化或注入量较大的灌浆。

（3）混合浆液。系指有掺合料的水泥浆液，适用于注入量大或地下水流速较大的灌浆。

（4）膏状浆液。系指塑性屈服强度大于 20Pa 的混合浆液，适用于大孔隙（如岩溶空洞、岩体宽大裂隙、堆石体等）的灌浆。

（5）化学浆液。当采用以水泥为主要胶结材料的浆液灌注达不到地基预期防渗效果或承载能力时，可采用符合环境保护要求的化学浆液灌注。化学灌浆是用硅酸钠或高分子材料为主剂配制浆液进行灌浆的工程措施。

4. 掺合料

根据灌浆需要，可在水泥浆液中掺入下列掺合料，但添加种类及掺量应通过室内和现场试验确定：

（1）砂。应为质地坚硬的天然砂或人工砂，粒径不宜大于 2.5mm，细度模数不宜大于 2.0，SO3 含量宜小于 1%，含泥量不宜大于 3%，有机物含量不宜大于 3%。

（2）粘性土。其塑性指数不宜小于 14，粘粒含量（d < 0.005mm）不宜低于 25%，含砂量

不宜大于 5%,有机物含量不宜大于 3%。

(3)粉煤灰。应为精选的粉煤灰,不宜粗于同时使用的水泥,烧失量宜小于 8%,SO 含量宜小于 3%(参照 GB1596)。

(4)水玻璃。其模数宜为 2.4~3.0,浓度宜为 30~40 波美度。

(5)其他掺合料。尚有一些工程使用石粉、赤泥等作为掺合料。

5. 外加剂

根据灌浆需要,可在水泥浆液中掺入下列外加剂,但掺加种类及量应通过室内和现场试验确定:

(1)速凝剂。水玻璃、氯化钙、三乙醇胺等。

(2)减水剂。萘系高效减水剂、木质素磺酸类减水剂等。

(3)稳定剂。膨润土及其他高塑性黏土等。

(4)其他外加剂。尚有一些工程使用硅粉、膨胀剂等作为外加剂。

6. 浆液性能试验

纯水泥浆液灌浆,工艺相对比较简单,实践经验丰富,技术成熟,有大量的室内试验资料,一般可不再进行室内试验。其他类型浆液应根据工程的需要,有选择地进行下列性能试验:

(1)掺合料的细度和颗分曲线;

(2)浆液的流动性或流变参数;

(3)浆液的沉降稳定性;

(4)浆液的凝结时间;

(5)结石的容重、强度、弹性模量和渗透性等。

(二)制浆及设备

1. 称量

制浆材料必须称量,称量误差应小于 5%。水泥等固相材料宜采用重量称量法,水的计量可采用带计数器的量水器。经过称量的材料进入拌和机(按盘),拌匀后用水泥螺旋机送至搅拌机,进一步拌制。

2. 拌制

各类浆液必须搅拌均匀并测定浆液密度。搅拌机的搅拌转速和搅拌时间以固相材料颗粒能够充分分散,且浆液能够搅拌均匀为原则。拌制能力应与所拌制的浆液类型和灌浆泵的排浆量相适应,并能确保均匀、连续地拌制浆液。高速搅拌机搅拌转速应大于 1200r/min,(GZJ200 型高速搅拌机搅拌转速为 1400r/min)。

拌制纯水泥浆液的搅拌时间,使用普通搅拌机时,应不少于 3min;使用高速搅拌机时,应不少于 30s,自制备至用完的时间宜小于 4h。因为细水泥较普通水泥具有较高的表面活性且水化过程快,在相同水灰比下易于凝聚结团,所以拌制细水泥浆液和稳定浆液,应该加入减水剂和采用高速搅拌机,可以明显改善流动性能,要求从制备到用完的时间宜小于 2h。也可以使用普通搅拌机加上胶体磨(JMT 型转速为 3000r/min),总的搅拌时间不少于 4min。拌制塑性屈服强度大于 20Pa 的膏状浆液,必须采用大功率搅拌机。

集中制浆站应配备除尘设备。当浆液需掺入掺合料或外加剂时,应增设相应的设备。

3. 输送

输送浆液的流速宜为 1.4~2.0m/s。集中制浆站宜制备水灰比为 0.5∶1 的纯水泥浆液,以防止浆液在输送过程中的离析和沉淀堵塞管路,并避免过大的摩擦阻力和温升。浆液在使用前应过滤,防止浆液中可能存在的渣滓影响灌浆效果和引起灌浆泵故障,可将过滤网设置在灌浆泵前的拌浆桶上。各灌浆地点应测定来浆密度,调制使用。

4. 温度

浆液温度应保持在 5~40℃之间。若用热水制浆,水温不得超过 40℃。

(三)灌浆方式和设备

1. 灌浆方式

按照灌浆时浆液灌注和流动的特点,灌浆方式有纯压式和循环式两种。

纯压式的灌注浆液单向从灌浆机到钻孔流动,注入岩层缝隙里。这种方法设备简单,灌浆管不在灌浆段内,因此不会发生灌浆管在孔内被水泥浆凝固的事故。操作也比较简便。缺点是灌浆段内的浆液单纯向岩层内压入,不能进行循环流动,灌注一段时间后,注入率逐渐减小,浆液易于沉淀,常会堵塞裂隙口,进而影响灌浆效果。所以多用于吸浆量大,大裂隙,孔深不超过 12~15m 的情况。浅孔固结灌浆可以考虑采用纯压式。

循环式灌浆时,灌浆管必须下入到灌浆段底部,距离段底不大于 50cm。一部分浆液被压入岩层缝隙里,另一部分由回浆管路返回拌浆桶中。这样可以促使浆液在灌浆段始终保持循环流动状态,不易沉淀。缺点是长时间灌注浓浆时,回浆管在孔内易被凝住。这种方法还可以根据进浆与回浆浆液相对密度的差别,判断岩层的情况,作为衡量灌浆结束的一种条件。由于循环式灌浆对灌浆质量比较有保证,目前工程中都采用这种方式。

2. 灌浆设备

循环灌浆法的灌浆设备有拌浆桶、灌浆泵、灌浆管、灌浆塞、回浆管、压力表、加水器。

拌浆筒由动力机带动搅拌叶片,拌浆筒上有过滤网。

灌浆泵的性能应与浆液的类型、浆液浓度相适应,容许工作压力应大于最大灌浆压力的 1.5 倍,并应有足够的排浆量和稳定的工作性能。灌注纯水泥浆液,推荐使用 3 缸(或 2 缸)柱塞式灌浆泵;灌注砂浆,应使用砂浆泵;灌注膏状浆液,应使用螺杆泵。

灌浆管采用钢管和胶管,应保证浆液流动畅通,并应能承受 1.5 倍的最大灌浆压力。

压力表的准确性对于灌浆质量至关重要,灌浆泵和灌浆孔口处均应安设压力表,使用压力宜在压力表最大标值的 1/4~1/3 之间。压力表与管路之间应设有隔浆装置,防止浆液进入压力表,并应经常进行检测。

灌浆塞应与灌浆方式、方法、灌浆压力和地质条件等相适应，胶塞（球）应具有良好的膨胀性和耐压性能，在最大灌浆压力下能可靠地封闭灌浆孔段，并且易于安装和拆卸。

灌浆压力大于 3MPa 时，应该采用下列灌浆设备：高压灌浆泵，其压力摆动范围不超出灌浆压力的 20%；耐蚀灌浆阀门；钢丝编织胶管；大量程的压力表，其最大标值宜为最大灌浆压力的 2.0~2.5 倍；专用高压灌浆塞或孔口封闭器（小口径无塞灌浆用）。

（四）灌浆施，工顺序

岩基灌浆一般按照先固结、后帷幕的顺序。这是因为深层帷幕灌浆的灌浆压力远高于浅层固结灌浆的压力，按照上述顺序，可以在浅层地基先固结的情况下，抑制进行深层高压灌浆时的地表抬动和冒浆。灌浆应分序逐渐加密，既可以提高浆液结石的质量，又可以通过后序孔透水率和单位吸浆量的分析，推断前序孔的灌浆效果。逐步加密原则，是各种灌浆共同遵守的原则。

（五）灌浆方法和工序

灌浆孔的灌浆段长小于 6m 时，可采用全孔一次灌浆法；灌浆段长大于 6m 时，可采用分段灌浆法。

1. 一次灌浆法

将灌浆孔一次钻到全深，全孔一次注浆。这种方法施工简便，适用于地质条件比较好，基岩较完整的情况。

2. 分段灌浆法

根据岩层裂隙的分布情况，将灌浆孔进行孔段划分，使每一孔段的裂隙分布比较均匀，以利于施工操作和提高灌浆质量。依照施工顺序不同，又分为以下四种：

（1）自上而下分段灌浆法

向下钻一段，灌一段，凝一段，再钻灌下一段，钻、灌交替进行．直到设计全深。这种方法的优点是，随着段深的增加，可以逐段增加灌浆压力，提高灌浆质量；由于上部岩层已经灌浆，形成结石，下部岩层灌浆时不容易产生岩层抬动和地面冒浆；分段钻灌，分段进行压水试验，压水试验成果比较准确，有利于分析灌浆效果，估算灌浆材料需用量。缺点是钻孔与灌浆交替进行，设备搬移影响施工进度。这种方法适于地质条件不良，岩层破碎，竖向节理裂隙发育的情况。

（2）自下而上分段灌浆法

一次钻孔到全深，然后自下而上分段灌浆。这种方法的优缺点与自上而下分段灌浆法刚好相反，一般多用在岩层比较完整或上部有足够压重，不易产生岩层出现抬动的情况。

（3）综合灌浆法

实际工程中，通常是上层岩石破碎，下层岩石完整。在深孔灌浆时，可以兼取以上两法的优点，上部孔段自上而下钻灌，下部孔段自下而上灌浆。又叫混合灌浆法。

（4）孔口封闭灌浆法

乌江渡大坝坝基帷幕灌浆使用孔口封闭灌浆法取得成功。此法优点为：孔内不需下入灌浆塞，施工简便，可以节省大量时间和人力；每段灌浆结束后，不需待凝，即可开始下一段地钻进，加快了进度；多次重复灌注，有利于保证灌浆质量；可以使用大的灌浆压力等。近年，许多工程相继采用此法施工。

孔口封闭灌浆法适用于最大灌浆压力大于 3MPa 的帷幕灌浆工程，小于 3MPa 的帷幕灌浆工程可参照应用。钻孔孔径宜为 60mm 左右。灌浆必须要采用循环式自上而下分段灌浆方法。各灌浆段灌浆时必须下入灌浆管，管口距段底不得大于 50cm。

孔口封闭灌浆法是一套完整的施工工艺，有其独特的技术要求，采用此法时，应全套学习应用，不能零星选取，以免造成这样或那样的问题。

（六）灌浆压力和浆液变换

1. 灌浆压力

指将浆液注入灌浆部位所采用的压力值。灌浆压力是保证和控制灌浆质量，提高灌浆效益的重要因素。灌浆压力与地质条件和工程目的密切相关，一般多是通过现场灌浆试验确定。常在设计时通过公式计算或根据经验先行拟订，而后在灌浆过程中调整确定，这是确定灌浆压力的原则。

采用循环式灌浆，压力表应安装在孔口回浆管路上；采用纯压式灌浆，压力表应安装在孔口进浆管路上。压力表指针的摆动范围应小于灌浆压力的 20%，压力读数宜读压力表指针摆动的中值。当灌浆压力达到 5MPa 及以上时，考虑到瞬间高压也会在基岩中引起有害的劈裂，也要读取峰值，并应查找原因，加以解决。灌浆应尽快达到设计压力，但是注入率大时，为了避免浆液串流过远造成浪费和防止抬动，应该分级升压。

2. 浆液变换

灌浆浆液的浓度变换应遵循由稀到浓的原则。帷幕灌浆的纯水泥浆液的水灰体积比，可采用 5∶1、3∶1、2∶1、1∶1、0.8∶1、0.6∶1、0.5∶1 等七个比级，为减少纯灌时间和尽量多灌入较浓的浆液，开灌水灰体积比可采用 5∶1（比重计监测时重量比 3.33∶1）。灌注细水泥浆液，可采用水灰体积比 2∶1、1∶1、0.6∶1 或 1∶1、0.8∶1、0.6∶1 三个比级。

帷幕灌浆浆液变换应注意，当灌浆压力保持不变，注入率持续减少时，或当注入率不变而压力持续升高时，不得改变水灰比；当某一比级浆液的注入量已达 300L 以上或灌注时间已达到 1h，而灌浆压力和注入率均无改变或改变不显著时，应加浓一级。当注入率大于 30L/min 时，可根据具体情况越级变浓。灌浆过程当中，灌浆压力或注入率突然改变较大时，应查明原因，加以解决。

固结灌浆的浆液比级和浓度变换，可以简化。可参照帷幕灌浆的规定，根据工程具体情况确定。灌注稳定浆液、混合浆液、膏状浆液，比级宜少，其配比和变换方法应该通过室内浆材试验和现场灌浆试验确定。

六、灌浆结束标准和灌浆封孔

（一）灌浆结束标准

（1）帷幕灌浆。采用自上而下分段灌浆法时，在规定的压力下，当注入率不大于 0.4L/min 时，继续灌注 60min；或注入率不大于 1L/min 时，继续灌注 90min，灌浆可以结束。封孔应采用"置换和压力灌浆封孔法"或"压力灌浆封孔法"。

采用自下而上分段灌浆法时，继续灌注的时间可对应上述注入率，相应地减少为 30min 和 60min，灌浆可以结束。封孔应采用"分段压力灌浆封孔法"。

（2）固结灌浆。在规定的压力下，当注入率不大于 0.4L/min 时，继续灌注 30min，灌浆可以结束。封孔应采用"机械压浆封孔法"或"压力灌浆封孔法"。

（二）灌浆封孔

指灌浆结束停歇一定时间后用填充物填实孔口的工作。封孔工作尤为重要，要求使用机械进行封孔，提出了四种封孔方法：

（1）机械压浆封孔法。全孔灌浆结束后，将胶管（或铁管）下到钻孔底部，用灌浆泵或砂浆泵经胶管，向钻孔内泵入水灰比为 0.5∶1 的浓浆或水泥∶砂∶水为 1∶（0.5～1）∶（0.75～1）的砂浆。水泥浆或砂浆由孔底逐渐上升，将孔内余浆或积水顶出，直到孔口冒出浓浆或砂浆止。随着水泥浆或砂浆由孔底逐渐上升，将胶管徐徐上提，但是胶管管口要保持在浆面以下。

（2）压力灌浆封孔法。待全孔灌浆结束后，将灌浆塞塞在孔口，灌入水灰比为 0.5∶1 的浓浆，灌入压力可根据工程具体情况确定。较深的帷幕灌浆孔可使用 0.8～1MPa 的压力，当注入率不大于 1L/min 时，继续灌注 30min 后停止。

（3）置换和压力灌浆封孔法。系上述两种方法的综合。先将孔内余浆置换成为水灰比为 0.5∶1 的浓浆，而后再将灌浆塞塞在孔口，进行压力灌浆封孔。

采用孔口封闭灌浆法时，应使用这种方法封孔。当最下面一段灌浆结束后，利用原灌浆管灌入水灰比为 0.5∶1 的浓浆，将孔内余浆全部顶出，直到孔口返出浓浆为止。而后提升灌浆管，提升过程中，严禁用水冲洗灌浆管，严防地面废浆和污水流入孔内，同时不断地向孔内补入 0.5∶1 的浓浆（或灌浆管全部提出后再补入也可）。最后，在孔口进行纯压式灌浆封孔 1h，仍用 0.5∶1 的浓浆，压力可为最大灌浆压力。封孔灌浆结束后，闭浆 24h。

（4）分段压力灌浆封孔法。全孔灌浆结束后，自下而上分段进行灌浆封孔，每段段长 15～20m 灌注水灰比为 0.5∶1 的浓浆，灌注压力与该段的灌浆压力相同，当注入率不大于 1L/min 时，继续灌注 30min 停止，在孔口段延续 60min 停止，灌注结束后，闭浆 24h。

采用上述各种方法封孔，若是孔内浆液凝固后，灌浆孔上部空余长度大于 3m，应采用机械压浆法继续封孔；灌浆孔上部空余长度小于 3m，可以使用更浓的水泥浆或砂浆人工封填密实。

七、质量检查

岩基灌浆是隐蔽性工程,必须加强灌浆质量的检查和控制。一方面要认真做好灌浆施工的原始记录,严格灌浆施工的工艺控制,防止违规操作;另一方面要在一个灌浆区灌浆结束以后,进行专门的质量检查,来做出灌浆质量的最后鉴定成果。原始资料、成果资料、质量检查报告,都是工程验收的重要依据。

(一)灌浆的原始资料和成果资料

灌浆的原始资料和成果资料,应包括以下十六个内容:

(1)钻孔、测斜、钻孔冲洗、裂隙冲洗、压水试验和简易压水、灌浆记录等;

(2)抬动或变形观测记录等;

(3)灌浆孔成果一览表;

(4)灌浆分序统计表;

(5)各次序孔灌浆成果表;

(6)灌浆完成情况表;

(7)灌浆孔平面位置图;

(8)灌浆综合剖面图;

(9)各次序孔透水率频率曲线和频率累计曲线图;

(10)各次序孔单位注灰量频率曲线和频率累计曲线图;

(11)灌浆孔测斜成果汇总表和平面投影图;

(12)灌浆工程检查孔压水试验成果一览表;

(13)检查孔岩芯柱状图;

(14)灌浆材料检验资料;

(15)工程照片和岩芯实物;

(16)其他。

(二)灌浆质量检查方法

灌浆质量检查的方法很多,规范规定有以下三点:

(1)帷幕灌浆质量检查,应以钻设检查孔进行压水试验(五点法或单点法)的成果为主,结合对竣工资料和测试成果的分析,综合评定。检查孔的数量宜为灌浆孔总数的10%,钻设检查孔时应采取岩芯,计算获得率并加以描述。对封孔质量宜进行抽样检查。

(2)固结灌浆质量检查,宜采用测量岩体波速或静弹性模量的方法。也可以采用钻设检查孔进行压水试验(单点法)的成果为主,结合竣工资料和测试成果的分析,综合评定。检查孔的数量宜为灌浆孔总数的5%。

(3)待检查结束后,都应该按技术要求对检查孔进行灌浆和封孔。

第二节　砂砾石地层灌浆

砂砾石地层灌浆的灌浆材料、制浆及设备、灌浆设备、灌浆次序和灌浆方法与岩基灌浆的基本相同,而且相对比较简单。但是由于地层结构的不同,对于砂砾石地基灌浆有一些不同的要求,主要是可灌性、钻灌方法、造孔工艺和灌浆综合控制等有所不同,择要介绍如下几种方法:

一、可灌性

砂砾石地层的可灌性是指砂砾石地层接受灌浆材料的一种特性。砂砾石地层的可灌性主要取决于地层的颗粒级配、灌浆材料的细度、灌浆压力和灌浆工艺等因素。

二、钻灌方法

已在工程实践中使用过的钻孔灌浆方法,主要有打花管灌浆法、套管护壁法、边钻边灌法和袖间管法。

（一）打花管灌浆法

首先在地层中打入一根下部带尖头的花管,然后冲洗进入管中的砂土,最后自下而上分段拔管灌浆。此法虽然简单便捷,但遇卵石及块石时打管很困难,故而只适用于较浅的砂土层。灌浆时容易沿管壁冒浆,也是此法的缺点。

（二）套管护壁法

如图 3-5 所示,边钻孔边打入护壁套管,直至预定的灌浆深度,接着在套管内下入灌浆管,然后拔套管灌注第一灌浆段,再用同法灌注第二段以及其余各段,直至孔顶。此法的优点是有套管护壁,不会产生坍孔埋钻等事故。缺点是打管较困难,为了促使套管达到预定的灌浆深度,常需在同一钻孔中采用几种不同直径的套管。

（三）边钻边灌法

钻孔时需用泥浆固壁或较稀的浆液固壁。如砂砾层表面有黏性土覆盖,护壁管可埋设在土层中;如表层无粘土则埋设在砂砾层中。但后一种情况将使表层砂砾石得不到适宜的灌注。

边钻边灌法的主要优点是不用在砂砾层中打管。缺点是容易冒浆,而且由于是全孔灌浆,灌浆压力难于按深度提高,灌浆质量难于保证。

（四）袖阀管法

（1）钻孔。通常都用优质泥浆,例如膨润土浆进行固壁,很少用套管护壁。

（2）插入袖阀管。为使套壳料的厚度均匀,应设法使袖阀管位于钻孔的中心。

（3）浇注套壳料。用套壳料置换孔内泥浆,浇注时应避免套壳料进入袖阀管内,并严防孔内泥浆混入套壳料中。

（4）灌浆。待套壳料具有一定强度后,在袖阀管内放入双塞的灌浆管,进行灌浆。

袖阀管法的主要优点：可根据需要灌注任何一个灌浆段,还可以进行重复灌浆,某些灌浆段甚至可重复 3～4 次,使得灌浆更均匀和饱满;可使用较高的灌浆压力,灌浆时冒浆和串浆的可能性小;钻孔和灌浆作业可以分开,使得钻孔设备的利用率提高。

袖阀管法的主要缺点：一是袖阀管被具有一定强度的套壳料胶结,难于拔出重复使用,耗费管材较多;二是每个灌浆段长度由套壳料长度固定为 33～50cm,不能够根据地层的实际情况调整灌浆段长度。

三、造孔工艺

打花管灌浆法不用钻孔,其他灌浆方法需要造孔,使用的钻孔设备主要包括钻机（冲击式、回转式）、水泵和泥浆搅拌机等,钻孔护壁方法有套管护壁和泥浆护壁等。

（一）造孔方法

1. 清水洗孔,套管护壁,铁砂回转钻进法

这种方法不用泥浆护壁,对灌浆效果是有利的,但打套管比较困难,拔起也不容易,进尺慢费时间,故而当地层较深和含有较大卵石（包括坝体灌浆）时,都不宜采用此法。

2. 泥浆循环护壁钻进法

由于泥浆在循环过程中能在孔壁上形成泥皮,可以有效防止孔壁坍塌,不用套管护壁,钻进效率高,尤其当地层较深和含有大卵石时,故国内外多采用此法。

（二）循环护壁用泥浆

作为循环护壁的泥浆,能起到冷却钻头、提携钻屑和保护孔壁等作用,更应尽量采用优质泥浆,以确保钻孔质量和施工进度。

评定泥浆质量的主要指标,是在尽可能小的比重下,具有较高的黏度和静切力,能形成薄而致密的泥皮以及良好的稳定性和较低的含砂量。造浆粘土以钠蒙脱土为最佳,如有絮凝现象,可采用加碱处理,以提高其分散性。国外对造孔泥浆要求极高,基本上用商品膨润土干粉造浆,搅拌设备简单,净化后可重复使用。

（三）粘土水泥灌浆液的制备

在许多场合,尤其在砂卵石地基中,都是采用粘土水泥浆灌注,其制备方法是：将预先制备好的水泥浆加入泥浆之中,搅拌均匀,这样可使水泥得到很好的分散,浆体质量较好。

这里要特别注意搅拌的顺序,应该把水泥加入泥浆中而不是把粘土加入到水泥浆中。后者将产生严重的絮凝现象,并可能把搅拌机完全堵塞。

从上表资料看出,适宜造浆的粘土一般不含大于 0.1mm 的颗粒,大于 0.05mm 的颗粒一般不超过 10%,小于 0.005mm 的粘粒含量多超过 50% ~ 60%。

四、灌浆综合控制

灌浆综合控制包括布孔及灌浆次序、灌浆量及灌浆压力控制、灌浆结束标准及封孔等工作。

(一)布孔及灌浆次序

砂砾层灌浆与岩基灌浆同样,要遵守逐渐加密的原则,加密次数视地质条件及施工期限等具体情况而定,多采用 1 ~ 3 次加密。

排序上也要实行逐渐加密法,一般情况下先灌边排后灌中间排。若是地层内有地下水活动或有水头压力的情况下,由两排孔组成的灌浆体最好先灌下游排,后灌上游排;三排孔则先灌下游排,后灌上游排,最后灌中间排。

(二)灌浆综合控制

浆液由稀到稠,灌浆压力自上而下逐渐加大。对多排灌浆孔,不论是灌注何种浆液.边排孔以限制注浆量为宜,中排孔则以灌至不吃浆为止。所谓不吃浆则有其相对意义,一般是指达到设计灌浆压力后,地层的吃浆量小于 1 ~ 2L/min 时,即可结束灌浆工作。封孔可采取拔出注浆管,注入容重大于 1.5t/m³ 的稠浆至浆面不再下降;或清除孔内浆液,分层回填、捣实含水量适中的粘土球。

第三节　混凝土防渗墙施工

一、概述

混凝土防渗墙是水工建设中较普遍采用的一种地下连续墙,是透水性土基防渗处理的一种有效措施。

混凝土防渗墙是利用专用的造槽机械设备成槽,并在槽孔内注满泥浆,以防止孔壁坍塌,最后用导管在注满泥浆的槽孔中浇注混凝土并置换出泥浆,筑成墙体。墙体既可以做成刚性的,也可以做成塑性、柔性的。

进入 20 世纪 90 年代,防渗墙还广泛应用于病险水库高土石坝的防渗加固,而且随着科技的进步和发展,施工技术有了进一步的提高和创新。由较早的冲击挖掘式造孔技术发展到今天的多种锯槽式造孔等;防渗墙的厚度也由原来的因设备条件限制而做的较厚,发展到现在可以做到20cm以下厚度的超薄连续墙,从而大大节省了工程投资;由于科学调整混凝土配合比和起用新的防渗材料,防渗墙体由不适应土坝坝体应力应变的刚性体,发展到现在可以根据不同的坝体应力应变要求而建造低弹模、塑性、柔性连续墙。

混凝土连续墙之所以能够在世界范围内得到较广泛应用,主要是因为它具有如下几个方面的特点:

(1)适用性较广。它适用于各种地质条件,在砂土、砂壤土、粉土以及砂砾石地基上,都可以做。

(2)实用性较强。它广泛应用于水利水电、工业民用建筑、市政建设等各个领域,混凝土连续墙深可达130m以上。

(3)施工条件要求较宽。地下连续墙施工时噪音低、震动小,可在较复杂的条件下施工,施工时几乎不受到地下水位的影响,可以昼夜施工,从而加快施工速度。

(4)安全可靠。地下连续墙技术自诞生以来有了较大发展,在接头的连接性技术上有很大进步,其渗透系数可达到10Tm/s以下;作为承重和挡土墙,它可以做成刚度较大的钢筋混凝土连续墙。

(5)存在问题。有些造孔成墙技术对槽孔之间的接头和墙体下部开叉问题难以彻底解决;相对来讲,施工速度较慢,成本较高。

二、成槽技术

各种混凝土连续墙施工工艺的区别,主要在于成槽方法和排渣方法的不同。

在成槽方面,有锯槽法和挖掘法。锯槽法中,有往复射流式开槽、链斗式开槽、液压式开槽;挖掘法所用机具中,有抓斗、冲击、回转钻或两者并用的钻具。

在出渣方面,有正循环、反循环的泥浆出渣和不循环出渣。正循环是指通过管道把泥浆压送到槽孔底,泥浆在管道的外面上升,把土渣携出地面;反循环是指泥浆从管道外面自然流到槽孔内,然后在槽孔底与土渣一起,被抽到地面上来;不循环是指用抓斗挖槽,泥浆处于不循环状态。

(一)锯槽法成槽

锯槽法成槽灌注连续墙是20世纪90年代才发展起来的一种新的混凝土连续墙施工技术。多年来,已经被广泛应用于黄河、长江大堤的防渗除险加固工程中。有以下五个主要特点:

(1)新一代开槽机作业机理明确,设备新颖,结构简单,操作方便。

(2)成墙既满足设计要求,又达到节约投资的目的。可以做20cm厚左右的超薄连续墙,而不像挖掘法成槽那样,受到设备条件限制而将墙做得很厚,使得成墙造价较高。

（3）施工速度快,造价经济。20m 深度以内槽孔,日成槽可达 250～400m;成墙厚度可以调节,因而经济实用。

（4）可以实现真正的连续开槽,成槽质量好。由于浇注混凝土时需要隔离分段,所以接头处理比较重要。

（5）锯槽机由于链杆本身较长,加之行走牵引机构较远,机械转弯比较困难,成槽深度限制在 40m 以内。

1. 往复射流式开槽机成槽施工

往复式射流开槽机是应用最广泛的开槽机械,它适应范围较广。该设备综合运用了锯、犁和射流冲击的原理,集中了各类开槽机的优点,具有功率大、成槽速度快、整机结构紧凑、便于拆装、便于运输等优点。

往复式射流开槽机最适合于砂壤土、粉土地层的作业。由于运用了锯的切割作用、犁的翻土作用、高压水（泥浆）的射流冲击作用,所以对砂壤土、粉土地层特别有效。该机拥有 100 多个射流喷嘴,出口流速达到 20m/s,锯、犁和射流的共同作用切开土体,由反循环抽砂泵迅速排出粗颗粒液体和沉渣,从而成槽,同时由循环水（泥浆）形成浆液,起到固壁作用。

2. 链斗式开槽机成槽施工

链斗式开槽机结构较复杂,设备较繁重,操作难度比往复射流式开槽机大,设备造价也要高出近一倍。链斗式开槽机行走机构有两种形式,一种是轮式,一种是轨道式,前者较简单方便,后者则复杂而笨重。

3. 液压开槽机成槽施工

液压开槽机工作原理为:液压系统使液压缸的活塞杆做垂直运动,带动工作装置的刀杆做上下往复运动,刀杆上的刀排紧贴工作面切削和剥离土体,被切削和剥离的土体及切屑,由反循环排渣系统强行排出槽孔。作业中使用泥浆固壁,开槽机沿墙体轴线方向全断面切削,不断前移,从而形成了一个连续规则的条形槽孔。

（二）挖掘机具成槽

挖掘机具成槽比锯槽法造槽复杂得多。机械设备庞大,成槽宽度大,施工难度增加,造价也较高,但是深度可达 40m 以上,适用地质条件的范围也更宽。挖掘机具成槽施工必须首先修筑其辅助设施——导向槽。

1. 修筑导向槽

修筑导向槽,是挖掘机具成槽灌注地下连续墙施工的重要组成部分,是在地层表面沿地下连续墙轴线方向设置的临时构筑物。

1）导向槽的作用

（1）导向作用。导向槽在挖掘机具成槽时起到导向作用,在施工过程当中,槽孔始终沿导向槽的布置位置进行。

（2）定位作用。筑起导向槽就能控制成槽平面位置与标高。导向槽的施工精度影响着单元槽段的施工精度,高质量的导向槽是高质量成槽的基础。

（3）泥浆保持作用。挖掘机具成槽施工过程中,始终要进行泥浆循环固壁工作。槽孔顶部的导向槽,可以较好地贮存泥浆,防止雨水和其他浆液混入槽孔,保证浆液质量,导向槽还可以起到保持固壁浆液液面的作用,提示槽孔内的泥浆是否满足固壁的需要。

（4）孔口保护作用。地下连续墙施工过程中,挖掘机具成槽作业易损害槽孔顶部的槽壁,造成坍塌,导向槽起着挡土墙的支撑土体作用;在钢筋笼的布放、锁口引拔、导管灌注混凝土时,槽孔容易受到外力侵害,而此时导向槽便起到了对外部荷载的支撑作用。

2）导向槽的形式

（a）直板型。断面结构简单,一般适用于土质较好的表层土,如紧密的粘性土。由于这种类型的导向槽只能承受较小的上部荷载,所以常作为槽孔尺寸不大的小型工程的导向槽。

（b）倒 L 型。孔口处结构带墙趾,适用于强度不足的表层土,如砂质较多的黏土层。

（c）L 型。墙底带墙趾整体承载力高,适用于表层土为杂填土、砂土、软粘土等土质松散、胶结强度低的土层,是应用较多的一种结构。

（d）槽型。上下均带墙趾,整体承载力更高,适用于表层土强度低且导向槽需要承受较大荷载的情况。

3）导向槽的修筑

导向槽一般为现浇的钢筋混凝土结构,也有钢板的或预制的装配式结构。

（1）导向槽形式的确定。在确定导向槽结构形式时,应该综合考虑到下列因素。

①表层土的性质:表层土体是否密实,是否为回填土,土体的物理力学性能,有无地下埋设物等。

②荷载情况:施工机械的重量,成槽与灌注混凝土时附近可能存在的静荷载与动荷载情况。

③环境影响:地下连续墙施工时对邻近建筑物可能产生的影响。

④地下水状况:地下水位的高低及其水位变化情况等。

（2）导向槽的施工。导向槽施工应严格按照下列要求进行:

①导向槽的纵向分段与地下连续墙的分段应错开一定距离。

②导向槽内墙面应垂直,而且平行于连续墙中心线,导向槽两侧墙面间距应比地下连续墙设计厚度大 40~60mm。

③导向槽轴线与连续墙轴线的距离偏差不超出 ±10mm;两边墙间距偏差不超出 ±5mm。

④导向槽埋设深度由地基土质、墙体上部荷载、成槽方法等因素决定,一般为 1.5-2m;导向槽顶部应保持水平并高于地面 100mm;保证槽内泥浆液面高于地下水位 2.0m 以上;墙厚 0.15~0.25m,带有墙趾的,其厚度不宜小于 0.2m。

⑤导向槽顶应水平,施工段全长范围高差应小于 ±10mm,局部高差小于 5mm。

⑥导向槽背侧需用粘性土分层回填并夯实,防止漏浆发生。

⑦现浇钢筋混凝土导向槽,拆模板后应立即在墙间加设支撑;混凝土养护期间,不得有重型设备在导向槽附近行走或作业,防止导向槽边墙开裂或位移变形。

2. 成槽机具

挖掘成槽机具又称挖槽机,有冲击钻机、抓斗式成槽机、回转钻机。

1)冲击钻机成槽

我国常用的冲击钻有 CZ 型冲击钻机。CZ 型冲击钻机有 20 型、22 型和 30 型。

常用的钻头有十字形钻头和空心钻头,适合于各种土质情况作业。另外,配有接渣斗和捞渣筒等专用工具。

(1)工作原理:冲击钻机利用钢丝绳将冲击钻头提升到一定高度后,让钻头靠重力自由下落,使钻头的势能转化为动能、冲击、破碎岩层土体。这样周而复始地冲击,达到钻进目的。在钻进过程中不断补充泥浆,保持孔内泥浆液位以保护孔壁,当孔内钻渣较多时用捞渣筒捞取排出,主孔靠冲击钻进成孔,副孔靠冲击劈打成槽。

布孔原则是,主孔孔径等于墙厚,两个主孔的中心距为 2.5 倍孔径(边到边为 1.5 倍孔径),墙厚一般为 600~1200mm。

为减少清槽工作量,劈打副孔时要在相邻两个主孔中吊放接渣斗,及时提出孔外排渣。由于劈打副孔时有两侧自由面,因此成槽速度较快,一般比主孔成孔效率提高 1 倍以上。

冲击钻成槽一般采用高黏度泥浆护壁,施工过程中清渣是用捞渣筒完成。副孔劈打时,部分钻渣未被接住而落入槽底,因此劈打完成后还要用捞渣筒捞渣。

(2)注意的问题:

①开孔钻头直径必须要大于终槽宽度,来满足防渗墙的设计要求。成槽过程中要经常检查钻头直径,磨损后应及时补焊;

②根据施工机具等具体情况,选择合理的副孔长度;

③一、二期槽孔同时施工时,应留有足够的间隔,以免被挤穿。

2)抓斗式成槽机成槽

液压抓斗式成槽机比冲击钻机具有更大的适用性。它可以在坚硬的土壤与砂砾石中成槽,能挖出最大直径 1m 左右的石块,成槽深度可达 60m。

目前国内使用的抓斗式成槽机有进口、合资、国产三种。进口、合资设备价格昂贵,无法避免成墙单价的提高,国内设备相对价位较低。

抓斗式成槽机成槽是一种与钻机配合的先钻后抓法,也叫两钻一抓法或钻抓成槽法。

(1)抓斗式成槽机成槽施工工艺:

①做好施工准备后,用冲击钻或回转钻机首先完成主孔,并要保证主孔的垂直度符合要求;

②主孔的间距应小于或等于液压抓斗的有效抓取长度;

③主孔完成以后,用液压抓斗抓取副孔成槽;

④基岩部分地钻进也可由重锤完成。抓斗不带重锤的,依旧需要由冲击钻或回转钻机完成基岩钻进,最后成槽。

(2)抓斗式成槽与全部冲击式成槽相比较,它的优点是:

①成本较低,效率较高。一台液压抓斗式成槽机的施工效率相当于 10~15 台冲击钻机。相应的单位成本也较低;

②成槽形状好,孔壁光滑。抓斗抓取副孔时,斗齿切削槽壁使得槽壁光滑而平直,故成槽后形状较好。一般采用抓斗式成槽的连续墙,混凝土的充盈系数(混凝土的实际浇注方量与理论方量之比)小于 1∶1,而采用冲击式成槽的充盈系数要大得多;

③施工时对泥浆扰动小,废浆排放少。采用冲击式施工时,冲击钻头反复强烈冲击钻进对泥浆的扰动很大,不利于槽壁稳定。用捞渣筒捞取钻渣时,部分泥浆被一起捞出排掉,造成废浆排放过多。而抓斗式成槽时,液压抓斗平稳地直接抓取土渣,泥浆溢出很少,对泥浆的扰动也小,施工场地比较整洁;

④成槽深度大,适用地层广。抓斗式成槽最大深度可达 80m,并且适用于多种不同地层条件,尤其适应在有大孤石的地层中成槽。

当然,抓斗式成槽也有一定的局限性,如液压抓斗机身一般比较重,因此对导向槽的结构和质量要求比较高。由于需要与冲击钻机配合施工,所以,要合理地安排和调度各种机械交叉作业,相对造价也较高。

3)回转钻机成槽

对于地质条件较好的地层,可用反循环回转钻机造孔成槽,如图 3-18 所示。

(1)工作原理:反循环回转钻机成槽的施工方法是,在槽孔顶处设置护筒或导向槽,护筒内的水位要高出自然地下水位 2m 以上,来确保孔壁的任何部分均得保持 0.02MPa 以上的静水压强,从而保护孔壁不坍塌。钻机工作时,旋转盘带动钻杆端部的钻头钻挖。在钻进过程中,冲洗浆液连续地从钻杆与孔壁间的环状间隙中流入孔底,携带被钻挖下来的钻渣,由钻杆内腔返回地面,形成反循环。

反循环回转钻机造孔施工按浆液循环输送的方式、动力来源和工作原理,又可分为泵吸、气举和喷射等反循环方式。

(2)优点:

①振动小,噪音低;

②除个别特殊情况需使用稳定浆液护壁外,一般用天然泥浆即可满足护壁要求;

③因不必提钻排弃钻渣,只要接长钻杆,就可进行深层钻挖,槽孔深浅易于掌握;

④采用相应钻头可钻挖岩石;

⑤反循环成孔采用旋转切削方式,靠钻头平稳的旋转钻挖,同时将钻渣和浆液吸升排出;

⑥钻孔内的泥浆压力抑制了孔隙水压力作用,从而有效避免了涌砂等现象。所以说,反循环钻成孔是对砂土层较适宜的成孔方式,可钻挖地下水位以下的厚细砂层。

（3）缺点：

①很难钻挖比钻头吸泥口口径大的卵石（15cm 以上）层；

②土层中地下水压力较大或有流动状态的水时，施工较为困难；

③废泥水处理量大，钻挖出来的土砂中水分多，弃土影响环境。

三、泥浆固壁

（一）泥浆的作用

泥浆在地下连续墙成槽施工中有稳固槽壁、悬浮携渣、冷却和润滑钻具的作用，成墙后还有增加墙体抗渗的性能。合理使用泥浆，有利于成槽和灌注以及提高墙体的防渗性能。

1. 稳固槽壁作用

（1）泥浆具有一定的相对密度（比重），泥浆的压力可抵制作用在槽壁的土压力及水压力，阻止地下水渗入。

（2）泥浆在槽壁上形成不透水泥皮，使得泥浆的压力有效地作用在槽壁上，防止槽壁剥落。

（3）泥浆从槽壁表面向地层内渗透到一定的范围就会使粘土颗粒黏附在槽壁上，通过这种黏附作用可以防止槽壁坍塌和透水。

2. 悬浮携渣作用

在成槽成孔过程中，泥浆具有的黏度可以将成槽施工产生的土渣悬浮起来，便于泥浆循环携带排出，同时有利避免土渣沉积在工作面上影响成槽效率。

3. 冷却润滑作用

泥浆既可降低造孔机具因作业而引起的温度升高，又具有润滑机具减轻磨损的作用，有利于延长机械的使用寿命和提高成槽效率。

（二）泥浆的要求

（1）泥浆应能在孔壁上形成密实泥皮，并且在泥浆自重作用下，孔壁上形成一定的静压力，保证孔壁不坍塌，但是泥皮不宜太厚，从而避免孔径收缩。

（2）泥浆应具有一定静切力，使钻屑呈悬浮状态，并且随循环泥浆带至地面，但黏滞性不宜太高，否则会影响泥浆泵的正常工作并给泥浆净化工作带来困难。

（3）泥浆应具有良好的触变性，流动时近于流体，静止时迅速转为凝胶状态，有足够大的静切力，能够避免砂粒的迅速沉淀。

（4）泥浆中砂粒含量应尽可能少，便于排渣，提高泥浆重复使用率，减少泥浆的损耗。

（5）泥浆应有良好的稳定性，即处于静止状态的泥浆在重力作用下，不致离析沉淀而改变泥浆性能。

（三）泥浆的指标

泥浆质量控制指标有：

①静切力与触变性；

②黏度；

③失水量、泥饼厚度和造壁能力；

④稳定性与胶体率或澄清度；

⑤相对密度；

⑥含砂量；

⑦酸碱度。

四、混凝土灌注及接缝处理

地下连续墙是在泥浆下（或水下）灌注混凝土。泥浆下灌注混凝土的施工方法主要有刚性导管法和泵送法，可根据工程条件进行选择。其中刚性导管法最为常用，要点是：泥浆下混凝土竖向顺导管下落，利用导管隔离泥浆（或环境水），导管内的混凝土依靠自重压挤下部导管出口的混凝土，并在已灌入的混凝土体内流动、扩散上升，最终得到泥浆，保证混凝土的整体性。此处着重就刚性导管法予以叙述。

（一）灌注设备及用具

泥浆下混凝土灌注施工常用的机具有吊车、灌注架、导管、储料斗及漏斗、隔水栓、测深工具等。

1. 吊车

吊车是提升混凝土料的主要设备，吊车选型主要依据混凝土灌注施工的要求，选择吊车的起重量和起吊高度等性能参数。

2. 储料斗、漏斗

储料斗结构形式较多，灌注量较大的连续墙施工所用的储料斗多采用大容量的溜槽形式。不论是采用哪种结构形式，其容量都必须要满足第一次混凝土的灌注量能将导管出口埋入混凝土内 0.5 ~ 1.0m。漏斗一般用 2 ~ 3mm 厚的钢板制作，多为圆锥形或棱锥型。

3. 导管

导管是完成水下混凝土灌注的重要工具，导管能否满足工程使用上的要求，对工程质量和施工速度关系重大。常使用的导管有两种，一种是以法兰盘连接的导管，另一种是承插式丝扣连接的导管。导管投入使用前，应该在地面试装并进行压力试验，确保不漏水。

4. 隔水栓（球）

隔水拴在混凝土开始灌注时起隔水作用，从而减少初灌混凝土被稀释的程度。隔水栓要能被泥浆浮起，可采用木制的或橡胶的空心栓（球），也可采用混凝土预制的。空心栓（球）是一种应用最普遍的隔水栓，它隔水可靠，且上浮容易，价格低廉。

（二）导管提升法灌注混凝土

混凝土连续墙的灌注是施工的最后一道工序,也是连续墙工程施工的主要工序,因此混凝土灌注施工必须要满足下列质量要求:

①外形尺寸、灌注高度、技术性能指标必须满足相关设计要求;

②墙体要均匀、完整,不得存在夹泥浆、夹泥断墙、孔洞等严重质量缺陷;

③墙段之间的连接要紧密,墙底与基岩的接触带和墙体的抗渗性能要满足设计要求。

灌注步骤如下:

1. 灌注准备

（1）拟定合理可行的灌注方案,其内容有:

①槽孔墙体的纵横剖面图、断面图;

②计划灌注方量、供应强度、灌注高程;

③混凝土导管等灌注器具的布置及组合;

④钢筋笼下设深度、长度、分节部位,下设方法及底部形状;

⑤灌注时间,开浇顺序,主要技术措施;

⑥墙体材料配合比,原材料品种、用量、保存;

⑦冬季、夏季、雨季的施工安排。

（2）落实岗位责任制,明确统一指挥机制,各岗位各工种密切配合、协调行动,来保证浇注施工按照预定的程序依次进行,在规定的时间内顺利完成。

（3）取得造孔、清孔、钢筋下设等工序的检验合格证。

2. 下设导管

（1）下设前要仔细检查导管的形状、接口以及焊缝等,确保不漏水。

（2）根据下设长度,在地面上分段组装和编号;导管连接必须牢固可靠,其结构强度应能承受最大施工荷载和可能发生的各种冲击力,在0.5MPa压力水作用下不得漏水。

（3）在同一槽孔内同时使用二根以上导管灌注时,其间距不宜大于3.5m;导管距灌注槽孔二端或接头管的距离不宜大于1.5m;当孔底高差大于25cm时,导管中心应布置在该导管控制范围的最低处。

（4）导管的上部和底节管以上部位,应该设置数节长度为0.3~1m的短管,以备导管提升后拆卸,导管底口距孔底距离应控制在15~25cm范围内。

3. 灌注混凝土

（1）开灌前,先向导管内放入一个能被泥浆浮起的隔水栓（球）,准备好水泥砂浆和足够数量的混凝土。开灌时先注少许水泥砂浆,紧接着向其注入混凝土,然后稍向上提升导管,提升导管前要保证导管内充满混凝土并能在隔水栓（球）被挤出后,埋住导管底部。

（2）灌注应连续进行,导管也需要不断提升,若因意外事故造成混凝土灌注中断,中断时间不得超过30min。否则孔内混凝土丧失流动性,灌注无法继续进行,造成断墙事故。

（3）混凝土面上升速度应大于 2m/h，导管埋深 1~6m，混凝土的坍落度为 18~22cm，扩散度 35~40cm。

（4）混凝土灌注指示图和浇注记录，既是指导导管拆卸的依据，又是检验施工质量的重要原始资料。在灌注过程中要及时填绘灌注指示图，校对灌注方量，指导导管拆卸，对灌注施工做出详细记录。在填绘指示图的同时，核对孔内混凝土面所反映的方量与实际灌入孔内的方量是否相符。如有差异，应分析其原因，并及时做出处理。

（5）灌注过程中，若发现导管漏浆或混凝土中混入泥浆，要立即停止灌注。导管大量漏浆或混凝土中严重混浆，可根据以下几种现象判定：

①经检查发现导管下埋深度不够，相差过大。

②经检查发现导管不在混凝土内，且灌注了一段时间。

③按实测灌注高度计算的灌注方量超过计划方量过多，且持续反常。

④经检查发现导管内进浆或管内混凝土面过低。

（三）接头处理

锯槽法造槽成墙，分隔槽段常采用隔离体法，隔离体有钢性隔离体和土工布袋隔离体两种。

钢性隔离体下放时要求垂直平稳，其张合机构和驱动系统都必须灵活快捷，安全可靠。隔离体长度比槽孔深度大 0.2~0.3m，第一次下入槽孔后不再提出，可进行重复使用。钢性隔离法成墙的接缝易于保证。

土工布袋隔离体是用特制土工布袋下人槽中，然后注入速凝混凝土，在槽孔中形成一隔离桩，起到分隔槽段作用。实际操作过程中，土工布与混凝土的接触紧密，但其渗透性指标有待试验确定。

挖掘法造槽灌注地下连续墙，一般划分为若干槽段进行灌注施工，相邻两槽段的衔接部分称为接头，常用的接头方式有钻凿式和预留式两种。钻凿式接头施工常采用套打一钻法和双反弧法，预留式接头施工常采用接头管法和拉管成孔法。

1. 套打——钻法

一期槽孔混凝土灌注成型后，在其端部套打部分成型混凝土，供二期槽孔内灌注混凝土及接头用。该法的特点是施工简便，适用于各种地层，但随着工程量增加，接头质量不容易得到保证。

2. 双反弧法

双反弧接头是在两邻槽孔间留下约一钻孔长度，待两邻槽孔间混凝土灌注成型后，从预留长度处，用双反弧钻头钻除四个角，孔内灌注混凝土接头。这种接头适于一般粘土或砂砾石地层，孔深一般不超过 40m，若超过 40m 时，必须有相应的措施。

3. 接头管法

施工方法是在一期槽孔两端下入接头管，待到混凝土浇筑后，拔出接头管形成接头孔，孔内灌注混凝土。接头管适用于各种地层,其深度根据起拔能力决定,一般用于孔深在40m以内,墙厚0.6~0.8m的连续墙。

4.拉管法

由接头管衍生的接头形式,当孔深较大时全孔深的接头管起拔困难,可在一期槽孔内灌注时,在孔底15-20m范围下接头管,上部用钢丝绳或细钢管牵弓I,当灌注混凝土达初凝时,上提接头管一段距离,再灌注混凝土,重复做到槽孔内灌注满混凝土,最后将管全部拔出形成接头,供二期槽孔内灌注混凝土用。

第四节　垂直铺塑防渗技术

一、概述

土工合成材料是应用于岩土工程的、以高分子合成材料为原材料制成的新型建筑材料,已广泛应用于水利、公路、铁路、港口、建筑等各个工程领域。

目前,国内外通常采用聚酯纤维、聚丙烯纤维、聚酰胺纤维及聚乙烯醇纤维等原料,制造土工合成材料,形成了八大系列产品,如土工织物、土工膜、土工网、土工格栅、土工席垫、土工织物模袋、土工复合材料及相关产品等。在这之中,土工膜是土工合成材料中应用最早,也是最广泛的一种系列产品。土工膜为相对不透水的聚合物薄片,在岩土和土木工程中用于防渗、水和气体输送等。

目前,国内外堤坝渗流控制中所应用的土工合成材料,主要是相对不透水的土工膜和透水反滤的土工织物。这里介绍土工膜用于坝基垂直防渗的施工技术,简称为垂直铺塑。

垂直铺塑是自20世纪80年代初研究发展起来的一项新的防渗技术,经过这些年的发展和革新,已日趋成熟并广泛应用于水库大坝和江河、湖泊大堤的防渗加固工程。其基本原理是:首先用链斗式或往复式开槽机,在需防渗的土体中垂直开出槽孔,并以泥浆稳固槽壁,然后将与槽深相当的卷状土工膜下入槽内,倒转轴卷,使土工膜展开,最后进行膜两侧的填土,即形成防渗帷幕。回填时,先在槽底回填粘土,厚度不小于1m,目的是密封接头。接着回填与坝基土质相同的土等到其下沉稳定后,往槽内继续进行填土压实,再将出槽后的土工膜与建筑物防渗体系妥善连接,并做好防止建筑物变形的构造。与早期类似的其他防渗技术(如混凝土防渗墙等)相比,垂直铺塑防渗技术有以下三个特点:

1.开槽机成槽经济适用

开槽机是垂直铺塑防渗技术施工开槽的主要设备,是根据防渗技术要求和有利于施工两个方面而研制的,槽孔的深浅、宽窄可以调节,能够满足不同工程设计要求。机械结构简单、操作方便、机理明确、施工速度快,成槽经济适用。

2. 防渗材料性能好

垂直铺塑防渗技术所采用的防渗材料一般为土工膜或塑料板。如聚乙烯（PE）土工膜、聚氯乙烯（PVC）土工膜、复合土工膜或防水塑料板等。这类材料防渗效果好，其本身渗透系数一般小于10-11cm/s；柔性好，易于施工；寿命长，在地下良好的保护状态下，其工作寿命可达30年。

3. 施工速度快，工程造价低

垂直铺塑防渗技术所以被广泛应用，一是新型开槽机结构简单、操作方便、施工速度快、费用低；二是防渗材料的单位面积造价经济，且易于施工。

二、垂直铺塑防渗技术适应范围

任何一项技术都有其局限性和适应性，垂直铺塑防渗技术也不例外。该项技术在土层分布、地下水位高低等方面都有其自身技术的要求和适应范围。

垂直铺塑施工的开槽深度、土层分布和地下水位高低三者之间是相互联系又相互影响的。在不同的地层分布和不同的地下水位情况下，其防渗深度都不一样，即深度受到二者的影响。

在确定工程设计方案时，要同时考虑到地质条件和地下水位情况。如果地质报告显示，土层中有大量石块、地下建筑物或纯中粗砂情况，就不宜采用垂直铺塑技术；虽然土质情况可以，但地下水位很高，施工场地很软，设备不宜放置，则也无法采用垂直铺塑技术；如果地下水位很低，却蓄水条件不好，护壁浆液可能保持不够易造成塌孔，也不宜采用垂直铺塑技术。

另外，防渗深度还受土的干密度、流沙等因素影响。土的干密度是土软硬程度的一个体现，如果干密度过大（超过1.70），土质很坚硬，则有可能成槽困难，也不宜采用垂直铺塑技术。土层中有很厚的流砂层，超过防渗深度的1/3，往往是纯中粗砂，则开槽后有可能造成塌孔，也不宜采用垂直铺塑技术。

综合起来，垂直铺塑防渗技术的应用，应具备下列五个条件：

①透水层深度一般在12m以内，或通过努力开槽深度可以达到16m。

②透水层中大于5cm的土粒含量不超过10%（以重量计），其少量大石块的最大粒径不超过15cm，或不超过开槽设备允许的尺寸。

③透水层中的水位能满足泥浆固壁的要求。

④当透水层底为符合防渗要求的岩石层或不透水层。

⑤透水层中流砂夹层或纯中粗砂段所占比例很少，不影响泥浆固壁。

三、机械设备

垂直铺塑防渗技术主要设备是开槽机，辅助设备有拌浆机、循环泥浆泵、抽砂泵、水泵等。垂直铺塑防渗成槽工艺原理与本章第四节介绍的锯槽法成槽施工工艺是基本相同的。区别在于排渣和泥浆固壁方面，不像做混凝土防渗墙那样严格和规范。垂直铺塑成槽施工，多采用往复式射流开槽机或链斗式开槽机。

四、泥浆循环固壁

为了保证槽孔的稳定性，垂直铺塑防渗施工过程中泥浆循环固壁工艺非常关键。

（一）泥浆材料的选择

护壁泥浆要求相对密度小，黏度适当，稳定性好，过滤水量少，泥皮形成时间短且薄，表面又有韧性。

（1）膨润土。膨润土是制备泥浆的主要原料，它对掺入物的要求低，重复使用次数多，且泥皮薄，韧性大，防渗性好，槽壁稳定，成槽效率高。使用前应进行泥浆配合比试验。

（2）黏土。采用其他黏土时，应进行物理化学试验和矿物鉴定，其粘粒含量应大于50%，塑性指数大于20，含砂量小于5%，二氧化硅和三氧化二铝含量的比值为3∶4。

（3）外加剂。常用的是纯碱（Na_2CO_3），它能使土粒充分水化，充分膨胀，增强泥浆的吸附能力。与此同时，能置换钙离子，把钙质土变为钠质土，加速黏土的分散，提高黏土的造浆率。

（4）增粘剂。常用高粘簇甲基纤维素钠（即化学糨糊，代号CMC），它可以提高泥浆黏度、降低过滤水量、改善泥皮性能，使泥浆具有良好的稳定性，并降低泥浆的胶凝作用，增强泥浆的固壁效果。

（5）硝基腐植酸碱剂（简称硝腐碱）。系由硝基腐植酸铵、烧碱和水组成。硝腐碱对泥浆的稀释、降失水、抗盐钙污染等作用特别显著，具有泥饼薄、面坚韧、失水少的特点，应用范围广。

（6）铁铭木质素璜酸盐（FCLS）。简称铁铭盐，为稀释剂，其抗盐、抗钙和抗温等的能力比一般稀释剂强得多，应用范围较广。

（7）水。水要用一般清洁水，pH值5.4左右。

因垂直铺塑防渗施工的成槽停置时间短，而且对槽内浆液浓度无严格的限制要求。因此对于一般土层地质情况，只用膨润土和粘土即可满足要求。

（二）泥浆的性能指标

泥浆拌制和使用时必须检验，选择护壁泥浆的性能时应考虑到地质条件及成槽方法。泥浆的性能指标应通过试验确定。在一般软土层成槽时，可参阅表3-9。

（三）泥浆的制造

制造泥浆的泥浆拌和系统应包括泥浆拌和机、储料斗、储有各种材料的桶或斗、木箱等。在经过试验确定好泥浆的材料配合比后可进行泥浆连续生产。

首先加水至搅拌筒的 1/3，开动搅拌机，在定量水箱不断加水的同时，加入膨润土纯碱液搅拌 3min 左右，再加入其他掺合物，搅拌时间控制在 5min 以内，如果泥浆搅拌后直接使用，搅拌时间应再延长 2～3min，现场搅拌泥浆应控制黏度和相对密度，每 10 桶作一组抽查泥浆试样，检查全面指标。一般情况下泥浆搅拌后应加分散剂或贮存 24h 以上，使得膨润土或粘土充分水化后方可使用。

（四）泥浆处理装置

通过槽孔循环后排出的泥浆，由于膨润土和增粘剂等主要成分的消耗以及土渣和电解质离子的混入，其质量降低，失去原有的性质，因此必须净化处理再生后，才能使用。

（1）泥浆处理方法。采用沉淀池沉淀，多采用上溢式重力沉淀池处理法。泥浆池一般由沉淀池、储浆池及循环池三部分组成。泥浆池的尺寸大小及容积应根据施工时泥浆的排出量进行设计。为加强泥浆沉淀效果，泥浆在沉淀池循环路线呈"S"形前进。

（2）泥浆配合比的调整。泥浆的配合比，不是一次设计就可一成不变地使用，由于成槽过程中混入泥屑及离子交换等原因造成泥浆分化，需要根据泥浆的抽样检验结果与控制指标作比较，不断调整，来提高泥浆的反复使用率。

五、垂直铺塑土工膜的选择、联接设计和焊接

（一）材料

水利工程中做垂直防渗用的土工合成材料一般为土工膜和复合土工膜。

由于聚乙烯（PE）抗拉强度比聚氯乙烯（PVC）高，耐老化，使用寿命较长，故近年来多采用聚乙烯土工膜。聚乙烯土工膜又称 PE 土工膜，PE 与聚乙烯名称等效使用。PE 土工膜又分为薄膜和薄片两种，习惯上以膜的厚度区分，尚无明确划分标准。PE 土工膜属新型防渗材料，其性能明显优于其他材料。PE 土工膜具有优质的防渗性能，在我国已得到广泛应用。

（二）物理力学性能指标

SL/T231《聚乙烯（PE）土工膜防渗工程技术规范》规定，土工膜的物理力学性能指标应符合下列要求：密度不应低于 $900kg/m^3$；破坏拉应力不应低于 12MPa；断裂伸长率不应低于 300%；弹性模量在 5℃不应低于 70MPa；抗冻性（脆性温度）不应低于 -60℃；联接强度应大于母材强度；撕裂强度应大于或等于 40N/mm；抗渗强度应在 1.05MPa 水压下 48h 不渗水；渗透系数小于 10-11cm/s。

（三）联接设计

PE 土工膜底边和周边应与不透水基底和不透水结构紧密联接,形成封闭或半封闭式的不透水防渗结构体系。若是 PE 土工膜顶边不能与不透水结构相连接时,膜顶边高程应超出最高水位时的波浪最大爬高,超高值应不小于 0.5m。

（四）PE 土工膜的焊接

1. 焊接设备和焊接要求

PE 土工膜采用焊接形式达到联膜成幅的目的。焊接可以采用双轨自动行走焊接机。

焊接质量直接影响防渗效果的好坏,焊接时应根据环境温度、风力大小来调节焊接头的温度。焊接场地要求平整;风力在 3 级以下;焊接机行走需专用板垫铺。焊接技术关键在于焊接温度的掌握,天气寒冷,风力大,温度要求高;否则,温度要求低。

2. 焊接步骤

（1）现场联膜可采取以下六个步骤:

①用干净纱布擦拭土工膜焊缝搭接处,做到无水、无尘、无垢;土工膜应平行对正,适量搭接,一般各边焊宽 10～12cm;

②根据当时当地气候条件,焊接设备调至最佳工作状态;

③在调节好的工作状态下,做小样焊接试验,焊接 1m 长的 PE 土工膜样品;

④现场撕拉检验试样,焊缝不被撕拉破坏而母材被撕裂,认为合格;

⑤现场撕拉试验合格后,用已调节好工作状态的热合机逐幅进行正式焊接;

⑥用挤压焊接机进行 T 字疤和特殊结点的焊接。

（2）PE 土工膜现场联接应符合下列八个规定:

①根据气温和材料性能,随时调整和控制焊机工作温度、速度,焊机工作温度约为 180～200℃;

②焊缝处 PE 土工膜应熔结为一个整体,不得出现虚焊、漏焊或超量焊;

③出现虚焊、漏焊时,必须切开焊缝,使用热熔挤压机对切损部位用大于破损直径一倍以上的母材补焊;

④双缝焊缝宽度宜采用 2×10mm;

⑤横向焊缝间错位尺寸应大于或等于 500mm;

⑥T 字形接头宜采用母材补疤,补疤尺寸可为 300mm×300mm。疤的直角应修圆;

⑦焊接中,必须及时将已发现破损的 PE 土工膜裁掉,并用热熔挤压法补焊牢固;

⑧联接的两层 PE 土工膜必须搭接平展、舒缓。

（五）焊接质量检测

（1）PE 土工膜焊接后,应及时对下列部位的焊接质量进行检测:全部焊缝、焊缝结点、破损修补部位、漏焊和虚焊的补焊部位、前次检验未合格再次补焊的部位。

（2）现场检验,可随焊接进度由施工单位(乙方)自检,自检合格后提交甲方或质检等部门联合抽样检验或全检,自检和联检的合格报告应作为质量验收依据,特殊情况也可根据双方约定,做室内接头检测。

（3）现场检测,采用的方法及设备应符合下列两个规定：

①检测方法应采用充气法, 即双焊缝加压检测法；真空罐法, 即真空压力检漏法；也可采用火花试验或超声波探测法；

②检测设备应采用气压式检测仪及真空检测仪。

（4）室内检测,应随机截取 1~2 片（10~50cm）现场焊缝试样,按室内检测方法检测。

（5）焊接质量应符合下列要求：

①对双缝充气长度为 30~60m,双焊缝间充气压力达到 0.15~0.2MPa,保持 1~5min,压力无明显下降即为合格；

②对单焊缝和 T 形结点及修补处, 应该采取 50cm×50cm 方格进行真空压力检测, 真空压力大于或等于 0.005MPa,保持 0.5min,肥皂液或洗涤灵不起泡即为合格；

③采用火花试验检测,金属刷之间不发生火花即为合格；

④采用超声波探测,以超声波发射仪荧光屏显示结果为判定的重要标准；

⑤室内试验,焊缝抗拉强度应大于母材强度。

（6）现场检测,应遵守下列规定：

①检测完毕,应立即对检测时所做的充气打压的穿孔,全部用挤压焊接法补堵；

②检测过程及结果应详细记录并标示在施工图上；

③检测人员应在检测记录上签字并签署明确的结论、意见和建议；

④对质检不合格处应及时标记并补焊。经再检合格后方可销号并记录在案；

⑤质量保障小组应负责检测的监督及管理。

六、下膜施工

（一）施工要求

（1）PE 土工膜的储运要符合安全规定。运至现场的土工膜应在当日用完。

（2）PE 土工膜铺设前应做下列准备工作：

①检查并确认基础层已具备铺设 PE 膜的条件。

②做下料分析,画出 PE 土工膜铺设顺序和裁剪图。

③检查 PE 土工膜的外观质量,记录并修补已发现的机械损伤和生产创伤、孔洞、折损等缺陷。

④每个区、块旁边应按照相关设计要求的规格和数量,备足过筛土料或其他过渡层、保护层用料,并在各区、块之间留出运输道路。

⑤进行现场铺设试验,确定焊接温度、速度等施工工艺参数。

（3）PE 土工膜的铺设施工应符合以下九个技术要求：

①大捆 PE 土工膜的铺设宜采用拖拉机、卷扬机等机械；条件不具备或小捆 PE 膜，也可采用人工铺设。

②按规定顺序和方向，分区分块进行 PE 土工膜的铺设。

③铺设 PE 土工膜时，应适当放松，并及时避免人为硬折和损伤。

④铺设 PE 土工膜时，膜片间形成的结点，应为 T 字形，不得做成十字形。

⑤PE 土工膜焊缝搭接面，不得有污垢、砂土、积水（包括露水）等影响焊接质量的杂质存在。

⑥铺设 PE 土工膜时，应根据当地气温变化幅度和工厂产品说明书要求，预留出温度变化可能引起的伸缩变形量。

⑦槽孔弯曲处应使土工膜和接缝妥帖槽孔。

⑧PE 土工膜铺设完毕、未加保护层前，应在膜的边角处每隔 2～5m，放一个 20～40kg 重的砂袋。

⑨PE 土工膜应自然松弛地与支持层贴实，不宜折褶、悬空。特殊情况需要褶皱布置时，应另作特殊处理。

（4）PE 土工膜的铺设应注意下列事项：

①铺膜过程中应随时检查膜的外观有无破损、麻点、孔眼等缺陷。

②发现膜面有孔眼等缺陷或损伤，应该及时用新鲜母材修补，补疤处每边应超过破损部位 10～20cm。

（5）PE 土工膜现场联接应符合下列规定：

①焊接形式宜采用双焊缝搭焊。

②主要焊接工具宜采用自动调温（调速）电热楔式双道塑料热合机、热熔挤压焊接机，也可采用高温热风焊机、塑料热风焊机。

下膜施工中，幅与幅之间的搭接长度不应小于 100cm。

2. 下膜方式

垂直铺塑防渗的下膜方式有两种：一是重力沉膜法；二是膜杆铺设法。

（1）重力沉膜法。对于砂性较强的地质情况和超深成槽的情况，槽内回淤的速度会较快，槽底部高浓度浆液存量多，宜采用重力沉膜法。

（2）膜杆铺设法。首先将土工膜卷在事先备好的膜杆上，然后由下膜器沉入槽中，在开槽机的牵引下铺设土工膜。

对于一般的黏土、粉质粘土、粉砂地质情况，槽内回淤的速度会较慢，泥浆固壁条件好，效果好，可采用膜杆铺设法。采用膜杆铺膜法施工过程中，要经常不断地将膜杆上下活动，使其在槽中处于自由松弛状态，防止膜杆被淤埋或卡在槽中。

七、回淤和填土

垂直铺塑的最后一道工序是回填,下膜后回填一般是回淤和填土相结合,回淤即是利用开槽时砂浆泵抽出的槽中砂土料浆液进行自然淤积。由于不够满槽的回淤需要量,需另外备土补填,回填土料不应该含有石块、杂草等物质,其质量应符合设计要求。

八、防渗效果的检测与评价

垂直铺塑工程施工结束后,要经过 1～2 个洪水期进行防渗效果的检测与评价。由于采取了铺塑帷幕防渗,使得幕前水头增大,相应的渗流量、渗透压力、渗透途径、浸润线都发生了很大变化。因此,要通过洪水周期对坝体的防渗效果进行检测。

防渗效果的检测分为表面现象观测和测压管水头分析检测两部分,详见有关著作。

第五节　基础与地基的锚固

一、概述

将受拉杆件的一端固定于岩(土)体中,另一端与工程结构物相联结,利用锚固结构的抗剪、抗拉强度,改善岩土力学性质,增加抗剪强度,对地基与结构物起到加固作用的技术,统称为锚固技术或锚固法。

锚固技术具有效果可靠、施工干扰小、节省工程量、应用范围广等优点,在国内外得到广泛的应用。在水利水电工程施工过程中,主要应用于以下六个方面:

(1)高边坡开挖时锚固边坡。

(2)坝基、岸坡抗滑稳定加固。

(3)大型洞室支护加固。

(4)大坝加高加固。

(5)锚固建筑物,改善应力条件,提高抗震性能。

(6)建筑物裂缝、缺陷等的修补和加固。可供锚固的地基不仅局限于岩石,还在软岩、风化层以及砂卵石、软粘土等地基中取得了经验。

二、锚固结构及锚固方法

锚固结构简称锚杆。一般由内锚固段(锚根)、自由段(锚束)、外锚固段(锚头)组成整个锚杆。

内锚固段是必须有的,其锚固长度及锚固方式取决于锚杆的极限抗拔能力;锚头设置与否,自由段的长度大小,取决于是否要施加预应力及施加的范围;整个锚杆的配置,取决于锚杆的设计拉力。锚杆的设计拉力取决于支护时锚杆承受的荷载。

(一)内锚固段(俗称锚根)

内锚固段即锚杆深入并固定在锚孔底部扩孔段的部分,要求能保证对锚束施加预应力。按固定方式一般分为粘着式和机械式,各种常用锚固段型式、适用条件及优缺点。

(1)粘着式锚固段。按照锚固段的胶结材料是先于锚杆填入还是后于锚杆灌浆,分为填入法和灌浆法。胶结材料有高强水泥砂浆或纯水泥浆、化工树脂等。在天然地层中的锚固方法多以钻孔灌浆为主,称为灌浆锚杆,施工工艺有常压和高压灌浆、预压灌浆、化学灌浆和许多特殊的锚固灌浆技术(专利)。目前国内多用水泥砂浆灌浆。

(2)机械式锚固段。它是利用特制的三片钢齿状夹板的倒楔作用,将锚固段根部挤固在孔底,称为机械锚杆。

(二)自由段(俗称锚束)

锚束是承受张拉力,对岩(土)体起加固作用的主体。采用的钢材与钢筋混凝土中的钢筋相同,注意应具有足够大的弹性模量满足张拉的要求。宜选用高强度钢材,降低锚杆张拉要求的用钢量,但不得在预应力锚束上使用两种不同的金属材料,避免因异种金属长期接触发生化学腐蚀。常用材料可分为两大类:

(1)粗钢筋。我国常用热轧光面钢筋和变形(调质)钢筋,变形钢筋可增强钢筋与砂浆的握裹力。钢筋的直径常用 25~32mm,其抗拉强度标准值按国标《混凝土结构设计规范》(GBJ10)的规定采用。

(2)锚束。通常由高强钢丝、钢绞线组成。其规格依照国标 GB5223 与 GB5224 选用。高强钢丝能够密集排列,多用于大吨位锚束,适用于混凝土锚头、锹头锚及组合锚等。钢铰线对于编束、锚固均比较方便,但价格较高,锚具也较贵,多用于中小型锚束。

3.外锚固段(俗称锚头)

锚头是实施锚束张拉并予以锁定,来保持锚束预应力的构件,即孔口上的承载体。锚头一般由台座、承压垫板和紧固器三部分组成。因每个工位的情况不同,设计拉力也不同,必须要进行具体设计。

(1)台座。预应力承压面与锚束方向不垂直时,用台座调整并固定位置,可以有效防止应力集中被破坏。台座用型钢或钢筋混凝土做成。

（2）承压垫板。在台座与紧固器之间使用承压垫板，能够促使锚束的集中力均匀分散到台座上。一般采用 20~40mm 厚的钢板。

（3）紧固器。张拉后的锚束通过紧固器的紧固作用，与垫板、台座、构筑物贴紧锚固成一体。钢筋的紧固器，采用螺母或专用的联结器或压熔杆端等。钢丝或钢绞线的紧固器，可使用楔形紧固器（锚圈与锚塞或锚盘与夹片）或组合式锚头装置。

第四章　土石方工程

第一节　土石分级与石方开挖方式

一、土石分级

在水利工程施工中,根据开挖的难易程度,可将土分为4级,岩石分为12级。

（一）土的分级

土的分级按开挖方法的不同和难易程度来确定,用铁锹或略加脚踩开挖的为Ⅰ级;用铁锹,且需要用脚踩开挖的为Ⅱ级;用镐、三齿耙开挖或用铁锹需用力加脚踩开挖的为Ⅲ级;用镐、三齿耙等开挖的为Ⅳ级。

土的工程性质对土方工程的施工方法及工程进度影响很大。主要的工程性质有:密度、含水量、渗透性、可松性等。土的可松性是指自然状态下土挖掘后变松散的性质。

（二）岩石的分级

根据岩石的坚固系数的大小,对岩石进行分级。前10级(Ⅴ~ⅩⅣ)的坚固系数在1.5~20之间,除Ⅴ级的坚固系数在1.5~2之间外,其余以2为级差;坚固系数在20~25之间,为ⅩⅤ级;坚固系数在25以上,为ⅩⅣ级。

二、石方开挖程序和方式

（一）选择开挖程序的原则

从整个枢纽工程施工的角度着重考虑,选择合理的开挖程序,对加快工程进度具有重要的作用。选择开挖程序时,应遵循以下五个原则:

（1）根据地形条件、枢纽建筑物布置、导流方式和施工条件等具体情况合理安排。

（2）把保证工程质量和施工安全作为安排开挖程序的前提,尽量避免在同一垂直空间同时进行双层或多层作业。

（3）按照施工导流、截流、拦洪度汛、蓄水发电以及施工期通航等项工程进度的要求,分期、分阶段地安排好开挖程序,注意开挖施工的连续性,并考虑后续工程的施工相关要求。

（4）对受洪水威胁和与导、截流有关的部位，应先安排开挖；对不适宜在雨、雪天或高温、严寒季节开挖的部位，应尽量避免在相应的气候条件下安排施工。

（5）对不良地质地段或不稳定岩体岸（边）坡的开挖，必须十分重视，做到开挖程序合理、措施得当，来保证施工安全。

（二）开挖程序及其适用条件

水利水电工程的基础石方开挖，一般包括岸坡和基坑的开挖。岸坡开挖一般不受到季节的限制，而基坑开挖则多在围堰的防护下施工，它是主体工程控制性的第一道工序。对于溢洪道或渠道等工程的开挖，如无特殊要求，则可按渠首、闸室、渠身段、尾水消能段或边坡、底板等部位的石方做分项分段安排，并考虑其开挖程序的合理性。

（三）开挖方式

1.基本要求

在开挖程序确定之后，根据岩石的条件、开挖尺寸、工程量和施工技术要求，通过方案比较拟定合理的开挖方式。其基本要求有以下五个：

（1）保证开挖质量和施工安全；

（2）符合施工工期和开挖强度的要求；

（3）有利于维护岩体完整性和边坡稳定性；

（4）可以充分发挥施工机械的生产能力；

（5）辅助工程量小。

2.各种开挖方式的适用条件

按照破碎岩石的方法，主要有钻爆开挖和直接应用机械开挖两种施工方法。20世纪80年代初开始，国内外出现一种用膨胀剂作破碎岩石材料的"静态破碎法"。

（1）钻爆开挖

钻爆开挖是当前广泛采用的开挖施工方法。其开挖方式有薄层开挖、分层开挖（梯段开挖）、全断面一次开挖和特高梯段开挖等类型。

（2）直接用机械开挖

使用带有松土器的重型推土机破碎岩石，一次破碎 0.6～1m，该法适用于施工场地宽阔、大方量的软岩石方工程。其优点是不需要钻爆作业，不需要风、水、电辅助设施，不但简化了布置，而且施工进度快，生产能力高；缺点是不适宜破碎坚硬岩石。

（3）静态破碎法

在炮孔内装入破碎剂，利用药剂自身的膨胀力，缓慢地作用于孔壁，经过数小时达到 $300～500kgf/cm^3$ 的压力，使介质开裂。该法适用于在设备附近、高压线下以及开挖与浇筑过渡段等特定条件下的开挖与岩石切割或拆除建筑物。其优点是安全可靠，没有爆破所产生的公害；缺点是破碎效率低，开裂时间长。对于大型的或复杂的工程，使用破碎剂时，还要充分考虑到使用机械挖除等联合作业手段，或与控制爆破配合，才能提高效率。

（四）坝基开挖

1. 坝基开挖程序

坝基开挖程序的选择与坝型、枢纽布置、地形地质条件、开挖量以及导流方式等因素有关，其中导流程序与导流方式是主要因素。

2. 坝基开挖方式

开挖程序确定以后，开挖方式的选择主要取决于总开挖深度、具体开挖部位、开挖量、技术要求以及机械化施工因素等。

（1）薄层开挖

岩基开挖深度小于 4m，采用浅孔爆破。开挖方式有劈坡开挖、大面积群孔爆破开挖和先掏槽后扩大开挖等。

（2）分层开挖

当开挖深度大于 4m 时，一般采用分层开挖。开挖方式有自上而下逐层开挖、台阶式分层开挖、竖向分段开挖、深孔与洞室组合爆破开挖以及洞室爆破开挖等。

（3）全断面开挖和高梯段开挖

梯段高度一般大于 20m，主要特点是通过钻爆使开挖面一次成型。

（五）溢洪道和渠道的开挖

1. 开挖程序

溢洪道、渠道的常用过水断面一般为梯形或矩形。选择开挖程序时，应充分考虑现场地形与施工道路等条件，结合混凝土衬砌的安排以及拟采用的施工方法等。

设计开挖程序须注意以下四个问题：

①应在两侧边坡顶部修建排水天沟，减少雨水冲刷。施工中要保持工作面平整，并沿上、下游方向贯通以利于排水和出渣。

②根据开挖断面的宽窄、长度和挖方量的大小，一般应该同时对称开挖两侧边坡，并随时修整，以保持稳定。

③对于窄而深的渠道，爆破受到两侧岩壁的约束力大，爆破效果一般较差，应结合钻爆特点合理设计开挖的程序。

④渠身段可采用大爆破施工方法，但要格外注意控制渠首附近的最大起爆药量，防止因破坏山岩而造成渗漏。

2. 开挖方式

溢洪道、渠道一般采用爆破开挖的方式。

（六）边坡开挖

在边坡稳定性分析的基础上，判明影响边坡稳定性的主导因素，对边坡变形破坏的形式和原因做出正确判断，并制定可行的开挖措施，以免影响工程施工进程和边坡的稳定性。

1. 开挖控制措施

（1）尽量改善边坡的稳定性。拦截地表水和排除地下水，防止边坡稳定恶化。可在边坡变形区以外 5m 处开挖截水天沟和在变形区以内开挖排水沟，拦截和排除地表水的同时，可采用喷浆、勾缝、覆盖等方式避免坡体受到渗水侵害。对于地下水的排除，可以根据岩体结构特征和水文地质条件，采用倾角小于 115° 的钻孔排水；对于有明显含水层，可能产生深层滑动的边坡，可以采用平洞排水。对于不稳定型边坡开挖，可以先作稳定处理，然后再进行开挖。例如，采用抗滑挡墙、抗滑桩、锚筋桩、预应力锚索以及化学灌浆等方法，必要时进行边挡护边开挖。尽量避免雨季施工，并力争一次处理完毕。若是雨季必须施工则应该采取临时封闭措施，做好稳定性观测和预报工作。

（2）按照"先坡面、后坡脚"自上而下的开挖程序施工，并限制坡比，坡高要在允许范围之内，必要时可增设马道。开挖时，注意不切断层面或楔体棱线，不使滑体悬空而失去支撑作用。坡高应尽量控制在不涉及到有害软弱面及不稳定岩体。

（3）控制爆破规模，应不使爆破震动附加动荷载使边坡失稳。为避免造成过多的爆破裂隙，开挖邻近最终边坡时，应采用光面、预裂爆破的方式，必要时可改用小炮、风镐或人工撬挖。

2. 不稳定岩体的开挖

（1）一次削坡开挖

一次削坡开挖主要用于开挖边坡高度较低的不稳岩体，如溢洪道或渠道边坡。其施工要点是由坡面至坡脚顺面开挖，即先降低滑体高度，再循序向里开挖。

（2）分段跳槽开挖

分段跳槽开挖主要用于有支挡（如挡土墙、抗滑桩）要求的边坡开挖。其施工要点是开挖一段支护一段。

（3）分台阶开挖

在坡高较大时，采用分层留出平台或马道的方式提高边坡的稳定性。台阶高度由边坡处于稳定状态下的极限滑动体高度和极限坡高来确定，其值由力学计算的有关算式求得。为了保证施工过程安全，应将计算的极限值除以安全系数 K，作为允许值。

第二节　土方机械化施工与土石坝施工技术

一、土方机械化施工

（一）挖土机械

挖掘机的种类繁多，根据行走装置的不同，可分为履带式和轮胎式两种；根据工作方式的不同，可分为循环式和连续式两种；根据工作传动方式的不同，可分为索式、链式和液压式等类型。

1. 单斗挖掘机

按用途分为建筑用和专用两种。

按行走装置分为履带式、汽车式、轮胎式和步行式几种。

按传动装置分为机械传动、液压传动和液力机械传动几种。

按工作装置分为正向铲、反向铲、拉（索）铲、抓铲几种。

按动力装置分为内燃机驱动、电力驱动两种。

挖掘机有回转、行驶和工作三个装置。正向铲挖掘机有强有力的推力装置，能挖掘I～IV级土和破碎后的岩石。正向铲主要用来挖掘停机面以上的土石方，也可以挖掘停机面以下不深的地方，但是不能够用于水下开挖。

2. 多斗式挖掘机

多斗式挖掘机又称挖沟机、纵向多斗挖土机。与单斗挖土机比较，多斗式挖土机有这些优点：挖土作业是连续的，在同样条件下生产率高；开挖单位土方量所需的能量消耗较低；开挖沟槽的底和壁较整齐；在连续挖土的同时，能将土自动卸在沟槽一侧。

多斗式挖土机不宜开挖坚硬的土和含水量较大的土，它适宜开挖黄土、粉质黏土等。

多斗式挖土机由工作装置、行走装置和动力、操纵及传动装置等几部分组成。

按工作装置的不同分为链斗式和轮式两种；按卸土方式的不同分为装有卸土皮带运输器和未装卸土皮带运输器两种，通常挖沟机大多装有皮带运输器，行走装置有履带式、轮胎式和履带轮胎式三种，其动力来源一般为内燃机。

（二）挖运组合机械

1. 推土机

以拖拉机为原动机械，另加切土刀片的推土器，既可薄层切土又能短距离推运。

推土机是一种挖运综合作业机械，是在拖拉机上装上推土铲刀而成。按照推土板的操作方式不同,其可分为索式和液压式两种。索式推土机的铲刀是借刀具自重切入土中,切土深度较小;液压推土机能强制切土,推土板的切土角度可以调整,切土深度较大,因此液压推土机是目前工程中常用的一种推土机。

推土机构造简单,操作灵活,运转方便,所需作业面小,功率大,能爬 30° 左右的缓坡,适用于施工场地清理和平整,开挖深度不超过 1.5m 的基坑以及沟槽的回填土,堆筑高度在 1.5m 以内的路基、堤坝等。在推土机后面安装松土装置,可破松硬土和冻土,还可牵引无动力的土方机械(如拖式铲运机、羊脚碾等)进行其他土方作业。推土机的推运距离宜在 100m 以内,当推运距离在 30～60m 时,经济效益最高。

利用下述方法可提高推土机的生产效率:

(1)下坡推土。借推土机自重,使铲刀的切土深度加深运土数量加大,来提高推土能力和缩短运土时间。一般可提高 30%～40% 的效率。

(2)并列推土。对于大面积土方工程,可用两三台推土机并列推土。推土时,两铲刀相距 15～30cm,以减少土的侧向散失,倒车时,分别按先后顺序退回。平均运距在 50～75m 时,效率最高。

(3)沟槽推土。当运距较远,挖土层较厚时,利用前次推土形成的槽推土,可大大减少土方散失,从而提高效率。此外,还可在推土板两侧附加侧板,增大推土板前的推土体积,来提高推土效率。

2.铲运机

按行走方式不同,铲运机分为牵引式和自行式两种。前者用拖拉机牵引铲斗,后者自身有行驶动力装置。现在多用自行式。根据操作方式不同,式铲运机又分索式和液压式两种。

铲运机能独立完成铲土、运土、卸土和平土作业,对行驶道路要求低,操作灵活,运转方便,生产效率高。铲运机适用于大面积场地平整,开挖大型基坑、沟槽以及填筑路基、堤坝等,最适合开挖含水量不大于 27% 的松土和普通土,不适合在砂砾层和沼泽区工作。当铲运较硬的土壤时,宜先用推土机翻松 0.2～0.4m,来减少机械磨损度程以提高效率。常用铲运机斗容量为 1.5～6m³。牵引式铲运机的运距以不超过 800m 为宜,当运距在 300m 左右时效率最高;自行式铲运机的经济运距为 800～1500m。

3.装载机

装载机是一种高效的挖运组合机械。其主要用途是铲取散粒料并装上车辆,可用于装运。

二、土石坝施工技术

土石坝是一种充分利用当地材料的坝型。随着大型高效施工机械的广泛使用,施工人数急剧减少,施工工期不断缩短,施工费用显著降低,施工条件日益改善,土石坝工程的应用比其他任何坝型的应用都更加广泛。

根据施工方法的不同,土石坝分为干填碾压、水牛填土、水力冲填(包括水坠坝)和定向爆破筑坝等类型。国内以碾压式土石坝应用最广泛。

碾压土石坝的施工,包括施工准备作业、基本作业、辅助作业和附加作业等。

准备作业包括"三通一平",即通车、通水、通电和平整场地,架设通信线路,修建生产、生活及行政办公用房以及排水清基等项工作。

基本作业包括料场土石料开采,挖、装、运、卸以及坝面铺平、压实和质检等项工作。

辅助作业是保证准备作业及基本作业顺利进行,创造良好工作条件的作业,包括了清除施工场地及料场的覆盖层。从上坝土料中剔除超径石块、杂物,坝面排水、层间刨毛和洒水等工作。

附加作业是保证坝体长期安全运行的防护及修整工作,包括了坝坡修整,铺砌护面块石及种植草皮等。

(一)土石料场的规划

土石坝用料量很大,在选坝阶段需对土石料场做全面调查,施工前配合施工组织设计,对料场作深入勘测,并从时间、空间、质量和数量等方面进行全面规划。

1. 时间上的规划

所谓时间规划,就是要考虑施工强度和坝体填筑部位的变化。随着季节及坝前蓄水情况的变化,料场的工作条件也在变化。在用料规划上应力求做到上坝强度高时用近料场,上坝强度低时用较远的料场,使运输任务比较均衡;对近料和上游易淹料场应先用,远料和下游不易淹料场后用;含水量高的料场旱季用,含水量低的料场雨季用。在料场使用规划过程中,还应该保留一部分近料场供合拢段填筑和拦洪度汛。

2. 空间上的规划

所谓空间规划,是指对料场位置、高程的恰当选择,合理布置。土石料的上坝运距尽可能短些,高程上有利于重车下坡,减少运输机械功率的消耗,近料场不应因取料影响坝的防渗稳定和上坝运输,也不应使道路坡度过陡引起运输事故。坝的上、下游,左、右岸最好都选有料场,这样有利于上、下游和左、右岸同时供料,减少施工干扰,保证坝体均衡上升。用料时原则上应低料低用,高料高用,当高料场储量有富裕时,亦可高料低用。同时料场的位置应有利于布置开采设备,交通及排水通畅。对于石料场,尚应考虑与重要建筑物、构筑物、机械设备等保持足够的防爆、防震安全距离。

3. 质与量上的规划

料场质与量的规划,是料场规划最基本的要求,也是决定料场取舍的重要因素。在引择选牵和规划使用料场时,应对料场的地质成因、产状、埋深、储量以及各种物理力学指标进行全面勘探和试验,勘探精度应随设计深度的加深而提高。在施工组织设计过程中,进行用料规划,不仅应使料场的总储量满足坝体总方量的要求,而且应满足施工各个阶段最大上坝强度的要求。

料尽其用，充分利用永久和临时建筑物基础开挖渣料是土石坝料场规划的又一重要原则。为此应增加必要的施工技术组织措施，确保碛料的充分利用。若导流建筑物和永久建筑物的基础开挖时间与上坝时间不一致，则应该调整开挖和填筑进度，或增设堆料场储备料渣，供填筑时使用。料场规划还应对主要料场和备用料场分别加以考虑。前者要求质好、量大、运距近，且有利于常年开采；后者通常在淹没区外，当前者被淹没或因库区水位抬高，土料过湿或其他原因中断使用时，则用备用料场保证坝体填筑不致中断。

在规划料场实际可开采总量时，应考虑料场查勘的精度、料场天然容重与坝体压实容重的差异，以及开挖运输、坝面清理、返工削坡等损失。实际可开采总量与坝体填筑量之比一般为：土料 2～2.5；砂砾料 1.5～2；水下砂砾料 2～3；石料 1.5～2；反滤料应根据筛后有效方量确定，一般不宜小于 3。另外，料场选择还应与施工总体布置结合考虑，应根据运输方式、强度来进行运输线路的规划和装料面的布置。料场内装料面应保持合理的间距，间距太小会使道路频繁搬迁，影响工效，间距太大影响开采强度，通常装料面间距取 100m 为宜。整个场地规划还应排水通畅，全面考虑出料、堆料、弃料的位置，力求避免干扰，以加快采运速度。

（二）坝面作业施工组织规划

当基础开挖和基础处理基本完成后，就可进行坝体的铺填、压实施工。

坝面作业施工程序包括铺土、平土、洒水、压实（对于黏性土采用平碾，压实后尚须刨毛以保证层间结合的质量）、质检等工序。坝面作业，工作面狭窄，工种多，工序多，机械设备多，施工时须要有妥善的施工组织规划。

为避免坝面施工中的干扰，延误施工进度，坝面压实宜采用流水作业施工。

流水作业施工组织应先按施工工序数目对坝面分段，然后组织相应的专业施工队依次进入各工段进行施工。这样，对同一工段而言，各专业队按工序依次连续施工；对各专业施工队而言，依次不停地在各工段完成固定的专业工作。其结果是实现了施工专业化，有利于工人熟练程度的提高。与此同时，各工段都有专业队使用固定的施工机具，从而保证施工过程中人、机、地三不闲，避免施工干扰，有利于坝面作业多、快、好、省、安全地进行。

设拟开展的坝面作业划分为铺土、平土洒水、压实、刨毛质检四道工序，于是将坝面至少划分成四个相互平行的工段。在同一时间内，四个工段均有一个专业队完成一道工序，各专业队依次流水作业。

正确划分工段是组织流水作业的前提，每个工段的面积取决于各施工时段的上坝强度，以及不同高程坝面面积的大小。

铺土宜平行坝轴线进行，铺土厚度要匀，超径不合格的土块应打碎，石块、杂物应剔除。进入防渗体内铺土，自卸汽车卸料宜用进占法倒退铺土，使汽车始终在松土上行驶，避免在压实土层上开行，造成超压，引起剪力破坏。汽车穿越反滤层进入防渗体，容易将反滤料带入防渗体内，造成防渗土料与反滤料混杂，从而影响坝体的质量。因此，应该在坝面每隔40～60m 处设专用"路口"，每填筑二、三层换一次"路口"位置，这样既可防止不同土料混杂，又能防止超压产生剪切破坏,即便在"路口"出现质量事故,也便于集中处理,不影响整个坝面作业。

按照设计厚度铺土平土是保证压实质量的关键。采用带式运输机或自卸汽车上坝,卸料集中。为保证铺土均匀,需用推土机或平土机散料平土。国内不少工地采用"算方上料、定点卸料、随卸随平、定机定人、铺平把关、插杆检查"的措施,使平土工作取得良好的效果。铺填中不应使坝面起伏不平,避免降雨积水。

黏性土料含水量偏低,主要应在料场加水,若是需要在坝面加水,应力求"少、勤、匀",以保证压实效果。对非黏性土料,为防止运输过程脱水过量,加水工作主要在坝面进行。石碴料和沙砾料压实前应充分加水,确保压实质量。

对于汽车上坝或光面压实机具压实的土层,应刨毛处理,以利层间结合。通常刨毛深度在 3~5cm,可用推土机改装的刨毛机刨毛,其工效高、质量好。

(三)压实机械及其生产能力的确定

土料不同,其物理力学性质也不同,因此使之密实的作用外力也不同。黏性土料的黏结力是主要的,因此要求压实作用外力能克服黏结力;非黏性土料(砂性土料、石渣料、砾石料)的内摩擦力是主要的,因此要求压实作用外力能克服颗粒间的内摩擦力。不同的压实机械设备产生的压实作用外力不同,大体可分为碾压、夯击和震动三种基本类型。

碾压的作用力是静压力,其大小不随作用时间而变化。

夯击的作用力为瞬时动力,有瞬时脉冲作用,其大小随时间和落高而变化。

震动的作用力为周期性的重复动力,其大小随时间呈周期性变化,震动周期的长短,随震动频率的大小而发生变化。

1. 压实机械及其压实方法

根据压实作用力来划分,通常有碾压、夯击、震动压实三种机具。随着工程机发展,又有震动和碾压同时作用的震动碾,产生震动和夯击作用的震动夯等。常用的压实机具有以下几种:

(1)羊脚碾

羊脚碾的外形与平碾不同,在碾压滚筒表面设有交错排列的截头圆锥体,状如羊脚。钢铁空心滚筒侧面设有加载孔,加载的大小根据设计需要来确定,加载物料有铸铁块和砂砾石等。碾滚的轴由框架支承,与牵引的拖拉机用杠辕相连。羊脚的长度随碾滚的重量增加而增加,一般为碾滚直径的 1/7~1/6。羊脚过长,其表面积过大,压实阻力增加,羊脚端部的接触应力减小,影响压实效果。重型羊脚碾碾重可达 30t,羊脚相应长 40cm。拖拉机的牵引力随着碾重增加而增加。

羊脚碾的羊脚插入土中,不仅使羊脚端部的土料受到压实,而且使侧向土料受到挤压,从而达到均匀压实的效果。在压实过程中,羊脚对表层土有翻松作用,不用刨毛就能保证土料层间结合。

和其他碾压机械一样，羊脚碾的开行方式有两种：进退错距法和圈转套压法。进退错距法操作简便，碾压、铺土和质检等工序协调，便于分段流水作业，压实质量容易保证。圈转套压法要求开行的工作面较大，适合于多碾滚组合碾压。其优点是生产效率较高，但是碾压中转弯套压交接处重压过多，易于超压，当转弯半径小时，容易引发土层扭曲，产生剪力破坏，在转弯的四角容易漏压，因此质量难以保证。

（2）震动碾

震动碾是一种震动和碾压相结合的压实机械，它是由柴油机带动与机身相连的附有偏心块的轴旋转，迫使碾滚产生高频震动。震动功能以压力波的形式传到土体内。非黏性土料在震动作用下，土粒间的内摩擦力迅速降低，同时由于颗粒大小不均匀，质量有差异，导致惯性力存在差异，从而产生相对位移，使细颗粒填入粗颗粒间的空隙而达到密实。然而，黏性土颗粒间的黏结力是主要的，且土粒相对比较均匀，因此在震动作用下，无法取得像非黏性土那样的压实效果。

由于震动作用，震动碾的压实影响深度比一般碾压机械大 1～3 倍，可达 1m 以上。它的碾压面积比震动夯、震动器压实面积大，生产率高。震动碾压实效果好，使非黏性土料的相对密度大为提高，坝体的沉陷量大幅度降低，稳定性明显增强，使土工建筑物的抗震性能大为改善。故而抗震规范明确规定，对有防震要求的土工建筑物必须用震动碾压实。震动碾结构简单，制作方便，成本低廉，生产率高，是压实非黏性土石料的高效压实机械。

（3）气胎碾

气胎碾有单轴和双轴之分，单轴的构造主要由装载荷重的金属车箱和装在轴上的 4～6 个气胎组成。碾压时在金属车箱内加载，并同时将气胎充气至设计压力。为了防止气胎损坏，停工时应用千斤顶将金属箱支托起来，并把胎内的气放掉。

气胎碾在碾压土料时，气胎会随土体的变形而变形。随着土体压实密度的增加，气胎的变形也相应增加，从而使气胎与土体的接触面积随之增大，始终能保持较为均匀的压实效果。与刚性碾相比，气胎碾不仅对土体的接触压力分布均匀，而且作用时间长，压实效果好，压实土料厚度大，生产效率高。

气胎碾可根据压实土料的特性调整其内压力，使得气胎对土体的压力始终保持在土料的极限强度内。通常而言，气胎的内压力，对黏性土以 525～630Pa、非黏性土以 210～420Pa 最好。平碾碾滚是刚性的，不能适应土体的变形，荷载过大就会使碾滚的接触应力超过土体极限强度，这就导致这类碾无法朝重型方向发展。气胎碾却不然，随着荷载的增加，气胎与土体的接触面增大，接触应力依旧不致超过土体的极限强度，所以只要牵引力能满足要求，就不妨碍气胎碾朝重型高效方向发展。

（4）夯板及其压实方法

夯板可以吊装在去掉土斗的挖掘机的臂杆上，借助卷扬机操纵绳索系统，使夯板上升。夯击土料时将索具放松，使夯板自由下落，夯实土料，其压实铺土厚度可达 1m，生产效率较高。大颗粒填料可用夯板夯实，其破碎率比用碾压机械压实大得多。为了提高夯实效果，适应夯实土料特性,在夯击黏性土料或略受冰冻的土料时,尚可将夯板装上羊脚,即成羊脚夯。

夯板的尺寸与铺土厚度密切相关。在夯击作用下,土层沿垂直方向应力的分布随夯板短边人的尺寸而变化。当 b=h 时,底层应力与表层应力之比为 0.965;当 b=h/2 时,底层应力与表层应力之比为 0.473。若是夯板尺寸不变,则表层和底层的应力差值,随铺土厚度的增加而增加。差值越大,压实后的土层竖向密度越不均匀。故选择夯板尺寸时,应尽可能使夯板的短边尺寸接近或略大于铺土厚度。

夯板工作时,机身在压实地段中部后退移动,随夯板臂杆的回转,土料被夯实的夯迹呈扇形。为避免漏夯,夯迹与夯迹之间要套夯,其重叠宽度为 10~15cm,夯迹排与排之间也要搭接相同的宽度。为充分发挥出夯板的工作效率,避免前后排套压过多,夯板的工作转角以 80°~90° 为宜。

2. 压实机械的选择

(1)选择压实机械的原则

①选可取得的设备类型。

②能够满足设计压实标准。

③与压实土料的物理力学性质相适应。

④满足施工强度的要求。

⑤设备类型、规格与工作面的大小、压实部位相适应。

⑥施工队伍现有的装备和施工经验等。

(2)各种压实机械的适用情况

根据国产碾压设备情况,宜用 50t 气胎碾碾压黏性土、砾质土,或含水量略高于最优含水量(或塑限)的土料;用 9~16.4t 的双联羊脚碾压实黏性土;重型羊脚碾宜用于压实含水量低于最优含水量的重黏性土,对于含水量较高、压实标准较低的轻黏性土也可用肋型碾和平碾压实。13.5t 的震动碾可压实堆石与含有大于 500mm 特大粒径的砂卵石。用直径为 110cm、重 2.5t 的夯板夯实砂砾料和狭窄部位的填土,对刚性建筑物、岸坡等的接触带以及边角、拐角等部位可用轻便夯夯实,如采用 HW-01 型蛙式夯。

(四)土石坝施工的质量控制要点

施工质量检查和控制是土石坝安全运行的重要保证,它应该贯穿于土石坝施工的各个环节和施工全过程。

1. 料场的质量检查和控制

对于土料场,应经常检查所取土料的土质情况、土块大小、杂质含量和含水量是否符合规范规定。其中含水量的检查和控制尤为重要。

经测定,若是土料的含水量偏高,则一方面应改善料场的排水条件和采取防雨措施;另一方面需对含水量偏高的土料做翻晒处理,或采取轮换掌子面的办法,使得土料的含水量降低到规定范围再开挖。若以上方法仍不能满足要求,则可以采用机械烘干法烘干。

料场加水的有效方法是采用分块筑畦埂，灌水浸渍，轮换取土。地形高差大时，也可采用喷灌机喷洒，此法易于掌握，节约用水。无论是采用何种加水方式，均应进行现场试验。对非黏性土料，可用洒水车在坝面喷洒加水，从而消除运输时从料场至坝上的水量损失。

对石料场应经常检查石质、风化程度、爆落块料级配大小及形状是否满足上坝的要求。如发现不符合要求的现象，应查明原因，及时处理。

2. 坝面的质量检查和控制

在坝面作业中，应对铺土厚度、填土块度、含水量大小和压实后的干容重等进行检查，并提出质量控制措施。对于黏性土，含水量的检测是关键，最简单的办法是手检，即手握土料能成团，手指撮可成碎块，则含水量合适，更精确可靠的方法是用含水量测定仪测定。为便于现场的质量控制，及时掌握填土压实的情况，可绘制干容重、含水量的质量管理图。

对于干容重取样试验结果，其合格率应不低于 90%，不合格干容重不得低于设计干容重的 98%，且不合格样不得集中。对于干容重的测定，黏性土一般可用体积为 200～500cm³ 的环刀测定；砂可用体积为 500cm³ 的环刀测定；砾质土、砂砾料、反滤料用灌水法或灌砂法测定；堆石因其空隙大，一般用灌水法测定。当砂砾料因缺乏细料而被架空时，也用灌水法测定。

根据地形、地质、坝料特性等因素，在施工特征部位和防渗体中，选定一些固定取样断面，沿坝高 5～10m，取代表性试样（总数不宜少于 30 个），进行室内物理力学性能试验。此外，还须对坝面、坝基、削坡、坝肩接合部、与刚性建筑物连接处以及各种土料的过渡带进行检查。应该确认土层层间结合处是否出现光面和剪力破坏对施工中发现的可疑问题，如上坝土料的土质、含水量不合要求，漏压或碾压遍数不够，超压或碾压遍数过多，铺土厚度不均匀及坑洼部位等应进行重点抽查，不合格者要返工。

土坝的堆石棱体与堆石体的质量检查大体相同。主要应检查上坝石料的质量、风化程度、石块的重量、尺寸、形状、堆筑过程有无离析架空现象发生等。对于堆石的级配、孔隙率的大小，应分层分段取样，检查是否符合规范要求。随坝体的填筑应分层埋设沉降管，对施工过程中坝体的沉陷进行定期观测，并做出沉陷随时间的变化过程曲线。

对于填筑土料、反滤料、堆石等的质量检查记录，应及时整理，分别编号存档，编制数据库。其既可作为施工过程全面质量管理的重要依据，也可以作为坝体运行后进行长期观测和事故分析的佐证。

第三节　堤防及护岸工程施工技术

堤防工程包括土料场选择、土料挖运、堤基处理、堤身施工、防渗工程施工、防护工程施工、堤防加固及扩建等内容。

护岸工程是指直接或间接保护河岸,并保持适当整治线的任何一种结构,它包括用混凝土、块石或其他材料做成的直接(连续性的)护岸工程,也包括了诸如用丁坝等建筑物来改变和调整河槽的间接(非连续性的)护岸工程。

一、堤身填筑

堤防施工主要包括土料选择、土场布置、施工放样、堤基清理、铺土压实与竣工验收等。

(一)土料选择

土料选择的原则包括两方面:一是要满足防渗要求;二是应就地取材,因地制宜。

(1)开工前,应根据设计要求、土质、天然含水量、运距及开采条件等因素选择取料区。

(2)均质土堤宜选用中壤土或亚黏土;铺盖、心墙、斜墙等防渗体宜选用黏性较人的土;堤后盖宜选用砂性土。

(3)淤泥土、杂质土、冻土块、膨胀土、分散性黏土等特殊土料,一般不宜用于填筑堤身。

2. 土料开采

(1)地表清理。土料场地表清理包括剔除表层杂质和耕作土、植物根系及表层稀软淤土。

(2)排水。土料场排水应采取截、排结合,以截为主的措施,对于地表水应在采料高程以上修筑截水沟加以拦截。对于流入开采范围的地表水应挖纵横排水沟迅速排除,在开挖过程中,应该保持地下水位在开挖面0.5m以下。

(3)常用挖运设备。堤防施工是挖、装、运、填的综合作业。开挖与运输是施工的关键工序,是保证工期和降低施工费用的主要环节。堤防施工中常用的设备按其功能不同可分为挖装、运输和碾压三类。主要设备有挖掘机、铲运机、推土机、碾压设备和自卸汽车等。

(4)开采方式。土料开采主要有立面开采和平面开采两种方式。

无论采用何种开采方式,均应在料场对土料进行质量控制,检查土料性质及含水率是否符合设计规定,不符合相关规定的土料不得上堤。

3. 填筑技术要求

(1)堤基清理

①筑堤工作开始前,必须按设计要求对堤基进行清理。

②堤基清理范围包括堤身、铺盖和压载的基面,堤基清理边线应比设计基面边线宽30~50cm,如果老堤加高培厚,则其清理范围还应该包括堤顶和堤坡。

③堤基清理时,应将堤基范围内的淤泥、腐殖土、泥炭、不合格土、杂草及树根等清除干净。

④堤基内的井窖、树坑、坑塘等应按堤身要求进行分层回填处理。

⑤堤基清理后,应在第一层铺填前进行平整压实,压实后的土体干密度应符合设计要求。

⑥堤基冻结后不应有明显冻夹层、冻胀现象或浸水现象。

（2）填筑作业的一般要求

①地面起伏不平时，应按水平分层由低处开始逐层填筑，不得顺坡铺填；堤防横断面上的地面坡度陡于 1：5 时，应修至缓于 1：5。

②分段作业面长度，机械施工时工段长不应小于 100m，人工施工时段长可适当减短。

③作业面应分层统一铺土，统一碾压，并进行平整，界面处要相互搭接，严禁出现界沟。

④在软土堤基上筑堤时，如堤身两侧设有压载平台，则应按设计断面同步分层填筑。

⑤相邻施工段的作业面宜均衡上升，若段与段之间不可避免地出现高差时，应以斜坡面相接，并且按照堤身接缝施工要点的要求作业。

⑥已铺土料表面在压实前被晒干时，应洒水湿润。

⑦光面碾压的黏性土填筑层，在新层铺料前，应该作刨毛处理。

⑧若发现局部"弹簧土"，层间光面、层间中空和松土层等质量问题时，应及时进行处理，经检验合格后，方可铺填新土。

⑨在软土地基上筑堤，或用较高含水量土料填筑堤身时，应严格控制施工速度，在必要时应在地基、坡面设置沉降和位移观测点，根据观测资料分析结果，指导安全施工。

⑩堤身全断面填筑完毕后，应作整坡压实及削坡处理，并对堤防两侧护堤地面的坑洼进行铺填平整。

4. 铺料作业的要求

（1）铺料前应将已压实的压光面层刨毛，含水量应适宜，过干时要洒水湿润。

（2）铺料要求均匀、平整。每层铺料厚度和土块直径的限制尺寸应通过碾压试验确定。在缺乏试验资料时。

5. 压实作业的要求

（1）施工前应先做碾压试验，确定碾压参数，以保证碾压质量能达到设计干密度值。

（2）碾压时必须严格控制土料含水率。土料含水率应控制在最优含水率 ±3% 范围内。

（3）分段填筑，各段应设立标志，来防止漏压、欠压和过压。上、下层的分段接缝位置应错开。

（4）分段、分片碾压时，相邻作业面的搭接碾压宽度，平行堤轴线方向不应小于 0.5m，垂直堤轴线方向不应小于 3m。

（5）砂砾料压实时，洒水量宜为填筑方量的 20%～40%；中细砂压实时的洒水量，应按最优含水率控制。

（二）护岸

护岸工程一般布设在受水流冲刷严重的险工险段，其长度一般应从开始塌岸处至塌岸终止点，并加一定的安全长度。通常堤防护岸工程主要包括了水上护坡和水下护脚两部分，水上与水下之分均就枯水施工期而言。护岸工程的原则是先护脚、后护坡。

堤岸防护工程一般可分为坡式护岸（平顺护岸）、坝式护岸和墙式护岸等几种。

1. 坡式护岸

坡式护岸即顺岸坡及坡脚一定范围内覆盖抗冲材料，这种护岸形式对河床边界条件改变和对近岸水流条件的影响均较小，是一种较常采用的形式。

（1）护脚工程

下层护脚为护岸工程的根基，其稳固与否，直接决定着护岸工程的成败，实践中所强调的"护脚为先"就是对其重要性的经验总结。护脚工程及其建筑材料，要求能抵御水流的冲刷及推移质的磨损；具有较好的整体性并能适应河床的变形；较好的水下防腐性能；便于水下施工并易于补充修复。经常采用的形式有抛石护脚、抛石笼护脚、沉排护脚和沉枕护脚等。

①抛石护脚

抛石护脚宜在枯水期组织施工。要严格按照施工程序进行，设计好抛石船的位置，抛投由上游往下游，层层均匀抛投。

②抛石笼护脚

现场石块尺寸较小，多用于流速大于 5.0m/s、筋网，在现场充填石料后抛投入水。石笼体积在 1～2.5 手段和能力而定，抛投完成后，要全面进行一次水下探测，对于笼与笼接头不严处则用大块石抛填补齐。

铅丝石笼，其主要优点是可以充分利用较小粒径的石料，具有较大体积与质量，整体性和柔韧性均较好，用于护岸时，可适应坡度较陡的河岸。

③沉排护脚

沉排又叫柴排，它是一种用梢料制成的大面积排状物，用块石压沉于近岸河床之上，来保护河床、岸坡免受水流淘刷的一种工程措施。

沉排是靠石块压沉的，石的大小和数量，应通过计算大致确定。

沉排护脚的主要优点是整体性和柔韧性强，能适应河床变形，同时坚固耐用，具有较长的使用寿命，以往一般认为在 10-30 年。沉排的主要缺点是成本高，用料多，制作技术和沉放要求较高，一旦散排上浮，器材损失严重。另外要及时抛石维护，防止因排脚局部淘刷而造成柴排折断破坏现象。

④沉枕护脚

抛沉柳石枕也是最常用的一种护脚工程形式，其是先用柳枝、芦苇、秸料等扎成直径为 15cm、长 5～10m 的梢把（又称梢龙），每隔 0.5m 紧扎蔑子一道（或用 16 号铅丝捆扎），然后将其铺在枕架上，上面堆置块石，石块上再放梢把，最后用 14 号或 12 号铅丝捆紧成枕。枕体两端应装较大石块，并捆成布袋口形，来避免枕石外漏。有时为了控制枕体沉放位置，在制作时会加穿心绳（三股 8 号铅丝绞成）。

沉枕一般设计成单层，对个别局部陡坡险段，也可根据实际需要设计成双层或三层。

沉枕上端应在常年枯水位下 0.5m，来防止最枯水位时沉枕外露而腐烂，其上还应加抛接坡石。沉枕外脚，有可能因河床刷深而使枕体下滚或悬空折断，因此要加抛压脚石。为稳定枕体,延长使用寿命,最好在其上部加抛压枕石,压枕石一般平均厚 0.5m。

沉枕护脚的主要优点是能使水下掩护层联结成密实体,又因具有一定的柔韧性,入水后可以紧贴河床,起到较好的防冲作用。同时也容易滞沙落淤,稳定性能较好,在我国黄河干、支流治河工程中被广泛采用。

（2）护坡工程

护坡工程除受水流冲刷作用外,还要承受波浪的冲击及地下水外渗的侵蚀,另外,因处于河道水位变动区,时干时湿,所以就要求其建筑材料坚硬、密实、耐风化。

目前,常见的护坡工程结构形式有干砌石护坡、浆砌石护坡、混凝土护坡、模袋混凝土护坡等。

①干砌石护坡

a. 坡面较缓(1:2.5~1:3)、受到水流冲刷较轻的坡面,采用单层干砌块石护坡或双层干砌块石护坡。

b. 坡面有涌水现象时,应在护坡层下铺设 15cm 以上厚度的碎石、粗砂或沙砾作为反滤层。封顶用平整块石砌护。

c. 干砌石护坡的坡度,应根据土体的结构性质而定,土质坚实的砌石坡度可以陡一些,反之则应缓些。一般坡度为 1:2.5~1:3,个别可为 1:2。

②浆砌石护坡

a. 坡度在 1:1~1:2,或坡面位于沟岸、河岸,下部可能会到遭受水流冲刷,且洪水冲击力强的防护地段,宜采用浆砌石护坡。

b. 浆砌石护坡由面层和起反滤层作用的垫层组成。面层铺砌厚度为 25~35cm,垫层又分单层和双层两种,单层厚 5~15cm,双层厚 20~25cm。原坡面如为砂、砾、卵石,则可不设垫层。

c. 对较长的浆砌石护坡,应该沿纵向每隔 10~15m 设置一道宽约 2cm 的伸缩缝,并用沥青或木条填塞。

③混凝土护坡

a. 在边坡坡脚可能遭受强烈洪水冲刷的陡坡段,采取混凝土(或钢筋混凝土)护坡,必要时需加锚固定。

b. 混凝土护坡施工工序有测量、放线、修整夯实边坡、开挖齿坎、滤水垫层、立模、混凝土浇筑和养护等,需要格外注意预留排水孔。

c. 预制混凝土块施工工序有预制混凝土块、测量放线、整平夯实边坡、开挖齿坎、铺设垫层、混凝土砌筑和勾缝养护。

④模袋混凝土护坡

模袋混凝土护坡的主要工序如下:

a. 清整浇筑场地。清除坡面杂物,平整浇筑面。

b. 模袋铺设。开挖模袋埋固沟后,将模袋从坡上往坡下铺放。

c. 充填模袋。利用灌料泵自下而上,按左、右、中灌入孔的次序充填。充填约 1h 后,清除模袋表面的漏浆,设渗水孔管,回填埋固沟,并按规定要求进行养护。

2. 坝式护岸

坝式护岸是指修建丁坝、顺坝,将水流挑离堤岸,以防止水流、波浪或潮汐对堤岸边坡的冲刷,这种形式多用于游荡性河流的护岸。

坝式防护分为丁坝、顺坝、丁顺坝和潜坝四种形式,坝体结构基本相同其中,丁坝是一种间断性的、有重点的护岸形式,具有调整水流的作用。在河床宽阔、水浅流缓的河段,常采用这种护岸形式。

丁坝坝头底脚常有垂直旋涡发生,以致于冲刷为深塘,故坝前应予以保护或将坝头构筑坚固,丁坝坝根则需埋入堤岸内。

3. 墙式护岸

墙式护岸是指顺堤岸修筑竖直陡坡式挡墙,这种形式多用于城区河流或海岸防护。

在河道狭窄,堤外无滩且容易受到水冲刷,受地形条件或已建建筑物限制的重要堤段,常采用墙式护岸。

墙式防护(防洪墙)分为重力式挡土墙、扶壁式挡土墙和悬臂式挡土墙等形式。墙式护岸一般在临水侧采用直立式,在满足稳定性要求的前提下,应该尽量减小断面,以减少工程量和少占地为原则。墙体材料可采用钢筋混凝土、混凝土和浆砌石等。墙基应嵌入堤岸护脚一定深度,来满足墙体和堤岸整体抗滑稳定和抗冲刷的要求。如冲刷深度大,还需采取抛石等护脚固基措施,以减少基础埋深。

混凝土护岸可采用大型模板或拉模浇筑,并按规范施工。

第 五 章　混凝土坝工程施工

第一节　常态混凝土筑坝

一、模板工程

模板作业是钢筋混凝工程的重要辅助作业。模板的主要作用是对新浇混凝土起成型和支承作用，同时还具有保护和改善混凝土表面质量的作用。模板工程量大，材料和劳动力消耗多，正确选择模板类型和合理组织施工，对加快施工进度和降低工程造价意义重大。

（一）模板的基本类型

按使用材料可分为木模板、钢模板、钢木混合模板、预制混凝土和钢筋混凝土模板、铝合金模板和塑料模板等。

按模板形状可分为平面模板和曲面模板。

按受力条件可分为承重模板和侧面模板；侧面模板按其支承受力方式，又分为简支模板、悬臂模板和半悬臂模板。

按架立和工作特征，模板可以分为固定式、拆移式、移动式和滑动式。

固定式模板多用于起伏的基础部位或特殊的异形结构如蜗壳或扭曲面，因大小不等，形状各异，难以重复使用。拆移式、移动式、滑动式可重复或连续在形状一致或变化不大的结构上使用，有利于实现标准化和系列化。

（二）模板使用的材料

在我国水利工程建设发展史上，随着施工技术的不断发展，模板使用的材料也在不断地发生着变化。在 20 世纪 60 年代以前，水利工程施工主要使用木模版，少量采用预制混凝土和钢筋混凝土模板，70 年代以后在混凝土高坝施工中采用了大型钢木混合模板。与此同时，在一些闸墩、竖井、拦污栅、溢流坝等工程中还采用了滑动模板。20 世纪 80 年代以后开始使用钢模板。现行《水利水电工程模板施工规范》DL/T5110—2000 中规定：模板的材料宜选用钢材、胶合板、塑料等，模板的支架的材料宜选用钢材，尽量少用木材，所选用的材料质量应符合相应材料规范的有关规定。

1. 木模板

由木材面板、加劲肋和支架三个基本部分组成。加劲肋把面板联结起来，并由支架安装在混凝土浇筑块上，形成浇筑仓。对于应用在水电站的蜗壳、尾水等因形状复杂，断面随结构形体曲线而变化的部位的模板，先按照结构设计尺寸制作若干形状不同的排架，然后分段拼装成整体，表面用薄板覆盖，吊装就位，形成浇筑仓。由于木模版重复利用次数低（即周转率）为 5～10 次，木材消耗量大，除了一些特殊部位混凝土施工使用外，木模板已逐渐被组合钢模板代替。

2. 钢模板

钢模板由面板和支撑体系两部分组成。工程上常用组合钢模板，其面板一般是以一定整倍数的标准化单块模板组成，支撑体系由纵横联系梁及连接件组成。联系梁一般采用薄壁槽钢、薄壁矩形或圆形断面钢管；连接件包括 U 形卡、L 形插销、钩头螺栓、蝶形扣件等。组合钢模板常用于水闸、混凝土坝、水电站厂房等工程。

3. 预制混凝土模板

预制混凝土及钢筋混凝土预埋式模板，既是模板，也可以浇筑后不予拆除作为建筑物的护面结构。通常采用的预制混凝土模板有如下两种：

1）素混凝土模板

直壁模板除面板外，还靠两肢等厚的肋墙维持其稳定。若将此模板反向安装，让肋墙置于仓外，在面板上涂以隔离剂，待新浇混凝土达到一定强度后，可拆除重复使用，这时，相邻仓位高程大体一致。例如，可在浇筑廊道的侧壁或把坝的下游面浇筑成阶梯进行使用。倒悬式混凝土预制模板可取代传统的倒悬木模板，一次埋入现浇混凝土内后不再拆除，既省工、又省木材。

2）钢筋混凝土模板

钢筋混凝土模板既可作建筑物表面的镶面，也可作厂房、空腹坝空腹和廊道顶拱的承重模板。这样尽量避免了高架立模，既有利于施工安全，又有利于加快施工进度，节约材料，降低成本。

预制混凝土和钢筋混凝土模板重量均较大，常需起重设备起吊，所以在模板预制时都应预埋吊环供起吊用。对于不拆除的预制模板，对模板与新浇混凝土的接合面需进行凿毛处理。

（三）模板架立和工作特征

按架立和工作特征，模板可分为固定式、拆移式、移动式和滑动式。

1. 永久性模板

在混凝土浇筑后不拆除的模板，当永久性模板构成永久结构的一部分时，应该征得设计部门的同意。

制作和安装混凝土、钢筋混凝土及预应力钢筋混凝土模板，应制订专门的技术措施和工艺操作规程。

当金属模板成为结构的整体部分被用作永久性模板时，其形状、标准高度、外形尺寸、物理性能和表面处理应符合相关设计要求。

永久性承重模板应正确地固定在支承构件上或相邻的模板构件上，且搭接正确，接缝严密，防止漏浆。

2. 拆移式模板

1）悬臂模板机械（有停有离）间歇

由面板、支承柱和预埋联结件组成。面板采用定型组合钢模板拼装或直接用钢板焊制。支承模板的立柱，为型钢梁和钢桁架两种，视浇筑块高度而定。预埋在下层混凝土内的联结件有螺栓式和插座式（U形铁件）两种。

采用悬臂钢模板，由于仓内无拉条，模板整体拼装，为大体积混凝土进行机械化施工创造了有利条件。且模板本身的安装比较简单，重复使用次数高（可达 100 多次）。但模板重量大（每块模板重 0.5～2t），需要起重机配合吊装。由于模板顶部容易变位，故而浇筑高度受到限制，一般为 1.5～2m。用钢桁架作支承柱时，高度也不宜超过 3m。

2）半悬臂模板

常用高度有 3.2m 和 2.2m 两种。半悬臂模板结构简单，装拆方便，但是支承柱下端固结程度不如悬臂模板，故仓内需要设置短拉条，对仓内作业会造成影响。

2. 移动式模板

对定型的建筑物，根据建筑物外形轮廓特征，做一段定型模板，在支承钢架上装上行驶轮，沿建物长度方向铺设轨道分段移动，分段浇筑混凝土。移动时，只需将顶推模板的花兰螺丝或千斤顶收缩，使模板与混凝土面脱开，模板可随同钢架移动到拟浇混凝土部位，再用花兰螺丝或千斤顶调整模板至设计浇筑尺寸。移动式模板多用钢模板，作为浇筑混凝土墙和隧洞混凝土衬砌使用。

3. 自升悬臂模板

这种模板的面板由组合钢模板组装而成，桁架、提升柱由型钢、钢管焊接而成。这种模板的突出优点是自重轻，自升电动装置具有力矩限制与行程控制功能，运行安全可靠，升程准确。模板采用插挂式锚钩，简单实用，定位准，拆装快。

4. 滑动式模板

滑动式模板是在混凝土浇筑过程中，随着浇筑而滑移（滑升、拉升或水平滑移）的模板，简称滑模，以竖向滑升应用最广。

滑动式模板是先在地面上按照建筑物的平面轮廓组装一套 1.0～1.2m 高的模板，随着浇筑层的不断上升而逐渐滑升，直至完成整个建筑物计划高度内的浇筑。

滑模施工可以节约模板和支撑材料，加快施工进度，改善施工条件，保证结构的整体性，提高混凝土表面质量，降低工程造价。缺点是滑模系统一次性投资大，耗钢量大，且保温条件差，不宜于低温季节使用。

滑模施工最适于断面形状尺寸沿高度基本不变的高耸建筑物，如竖井、沉井、墩墙、烟囱、水塔、筒仓、框架结构等的现场浇筑，也可用于大坝溢流面、双曲线冷却塔及水平长条形规则结构、构件施工。

（二）模板的设计荷载及其组合

模板及其支承结构应该具有一定的强度、刚度和稳定性，必须要能承受施工中可能出现的各种荷载的最不利组合，其结构变形应在允许范围以内。模板设计时，应考虑下列各项荷载：

（1）模板的自身重力，应根据模板设计图纸确定（包括固定设备）。肋形楼板及无梁楼板模板的自重标准值。

（2）新浇混凝土的重力，对普通混凝土可采用 24kN/m³，对其他混凝土可根据实际表观密度确定。

（3）钢筋和预埋件重力，对一般梁板结构，每立方米钢筋混凝土的钢筋自重标准值可采用数值：楼板 1.1kN；梁 1.5kN。

（4）施工人员和机具设备的重力；计算模板及直接支撑模板的小楞时，对均布荷载 2.5kN/m²，另应以集中荷载 2.5kN 进行验算，比较两者所得的弯矩值，依照其中较大者采用；计算直接支承小楞结构构件时，均布荷载取 1.5kN/m。计算支架立柱及其他支承结构构件时，均布荷载取 1.0kN/m。

（5）振捣混凝土产生的荷载标准值，对水平面模板可采用 2.0kN/m²；对垂直面模板可采用 4.0kN/m²（作用范围在新浇筑混凝土侧压力的有效压头高度之内）。

（6）新浇混凝土的侧压力，采用内部振捣器时，重要部位的模板承受新浇筑混凝土的侧压力，应通过实测进行确定。

（7）新浇混凝土的浮托力。

（8）倾倒混凝土时产生的荷载。倾倒混凝土时对模板产生的冲击荷载，应通过实测确定。

（9）风荷载，按现行《工业与民用建筑荷载规范》确定。

（10）除以上 9 项荷载以外的其他荷载。

3. 荷载组合

在计算模板及支架的强度和刚度时，应该根据模板的种类及施工具体情况。特殊荷载组合可按实际情况进行考虑核算，如平仓机、非模板工程的脚手架、工作平台、混凝土浇筑过程中不对称的水平推力及重心偏移、超过规定堆放的材料等情况。

4. 设计要求

（1）当验算模板刚度时，其最大变形值不得超过下列允许值：

①对结构表面外露的模板，为模板构件计算跨度的 1/400；

②对结构表面隐蔽的模板，为模板构件计算跨度的 1/250；

③支架的压缩变形值或弹性挠度，为相应的结构计算跨度的 1/1000。

（2）承重模板及支架的抗倾稳定性应按下列要求核算：

①倾覆力矩。应分别计算下列两种情况的倾覆力矩，并采用其中的最大值。

风荷载，按现行的《工业与民用建筑物荷载规范》确定；

作用于承重模板边缘 150kgf/m 的水平力。

②稳定力矩。模板及支架的自重，折减系数为 0.8；如同时安装钢筋时，应包括了钢筋的重量。

③抗倾稳定系数。抗倾稳定安全系数应大于 1.4。

（三）模板的制作、安装和拆除

1. 模板的制作

大中型混凝土工程通常由专门的加工厂制作模板，可采用机械化流水作业，有利于提高模板的生产率和工作质量。

2. 模板的安装

模板安装必须按设计图纸测量放样，对重要结构应多设控制点，以利检查校正。模板安装过程中，必须经常保持足够的临时固定设施，来防止倾覆。模板与混凝土的接触面，以及各块模板接缝处，必须平整、密合，以保证混凝土表面的平整度和混凝土的密实性。模板的面板应涂脱模剂，但是应该避免脱模剂污染或侵蚀钢筋和混凝土。模板安装完成后，要进行质量检查，检查合格后，才能进行下一道工序。模板安装的允许偏差，应根据结构物的安全、运行条件、经济和美观等要求确定。大体积混凝土以外的一般现浇结构模板安装的允许偏差，和预制构件模板安装的允许偏差应按现行规范执行。

3. 模板的拆除

拆模的早晚，影响着混凝土质量和模板的使用周转率。施工规范规定：

（1）现浇结构的模板拆除时的混凝土强度，应符合设计要求；当设计无具体要求时，应符合下列规定：

侧模：混凝土强度能保证其表面和棱角不因拆除模板而受损坏。

对于非承重侧面模板，规范中没有给出具体拆模时的混凝土强度，施工中可以参照类似工程，一般情况下，混凝土强度应达到 2.5MPa 以上，大约需 2~7d（夏天 2~4d，冬天 5~7d）。混凝土表面质量要求高的部位，拆模时间宜晚一些。

（2）预制构件模板拆除时的混凝土强度，应符合设计要求；当设计无具体要求时，应符合下列规定：

侧模：在混凝土强度能保证构件不变形、棱角完整时，方可拆除；

芯模或预留孔洞的内模：在混凝土强度能保证构件和孔洞表面不发生坍陷和裂缝后，方可拆除；

底模：当构件跨度不大于 4m 时，在混凝土强度符合设计的混凝土强度标准值的 50% 的要求后，方可拆除；当构件跨度大于 4m 时，在混凝土强度符合设计的混凝土强度标准值的 75% 的要求后,方可拆除。

(3)后张法预应力混凝土结构构件模板的拆除,侧模应在预应力张拉前拆除,底模应在结构构件建立预应力后拆除。

拆模程序和方法:拆模时按照在同一浇筑仓的模板"先装的后拆,后装的先拆"的原理,根据锚固情况,分批拆除锚固连接件,防止大片模板坠落。拆模应使用专门工具,来减少混凝土及模板的损坏。拆下的模板、支架及配件应及时清理、维修。暂时不用的模板应分类堆存,妥善保管;钢模应做好防锈,用仓库存放。大型模板堆放时,应垫平放稳,并适当加固,以免翘曲变形。

二、混凝土坝的分缝与分块

为控制坝体施工期混凝土温度应力并适应施工机械设备的浇筑能力,需要用垂直于坝轴线的横缝和平行于坝轴线的纵缝以及水平缝,将坝体划分为许多浇筑块进行浇筑。纵横缝的划分应根据坝基地形地质条件、坝体布置、坝体断面尺寸、温度应力和施工条件等因素通过技术经济比较确定。

横缝间距一般设计为 15～20m。横缝间距超过 22m 或小于 12m 时,应进一步作论证。

纵缝间距一般划分为 15～30m。块长超过 30m 应严格温度控制。高坝通仓浇筑应有专门论证,应注意防止施工期和蓄水以后上游面产生深层裂缝。

(一)纵缝分块法

纵缝平行坝轴线,可采用竖缝型式,缝面应设置键槽,并需埋设灌浆系统进行灌浆。纵缝也可在某个高程进行并缝,如延伸至坝面,应与坝面垂直相交。设置纵缝的目的,为了尽量避免产生基础约束裂缝。纵缝分块的优点是:温度控制比较有把握,将坝段分成独立的柱状体可以分别上升,相互干扰小,混凝土浇筑工艺比较简单,施工安排灵活。缺点是:纵缝将舱面分得较窄小,使得模板工作量增加,且不便于大型机械化施工;为了恢复坝的整体性,后期需要对纵缝进行接缝灌浆处理,坝体蓄水兴利受到灌浆冷却工期的限制。

竖缝型式的纵缝在纵缝面上应设键槽以增加纵缝灌浆后的抗剪能力。键槽常为直角三角形,其短边和长边应分别与坝的第一、第二主应力正交,使键槽面承压而不承剪。

(二)斜缝分块法

斜缝一般往上游倾斜,其缝面与坝体第一主应力方向大体一致,从而使缝面上的剪应力基本消除。因此,斜缝面只需要设置梯形键槽、加插筋和凿毛处理,不必进行斜缝灌浆。为了坝体防渗的需要,斜缝的上端应该在离迎水面一定距离处终止,并在终点顶部加设并缝钢筋或并缝廊道。斜缝适用于中、低坝,可不灌浆;用于高坝时应经论证通过。

(三)错缝分块法

分块时将块间纵缝错开,互不贯通,错距等于层厚的 1/3～1/2,故坝的整体性好,也不需要进行纵缝灌浆。但错缝分块高差要求严格，由于浇筑块相互搭接，浇筑次序需按一定规律安排，施工干扰很大，施工进度较慢，同时在纵缝上下端因应力集中容易开裂。

（四）通仓浇筑法

坝段内不设纵缝，逐层往上浇筑，不存在接缝灌浆问题。由于浇筑仓面大，可节省大量模板，便于大型机械化施工，有利于加快施工进度，提高坝的整体性。但是，大面积浇筑，受基岩和老（已凝固）混凝土的约束大，容易产生温度裂缝。对此，温度控制要求很严格，除了采用薄层浇筑、充分利用自然散热之外，还必须要采取多种预冷措施，允许温差控制在 15～18℃。

三、混凝土的浇筑工艺

混凝土坝的混凝土浇筑工艺流程为：浇筑前的准备；入仓铺料；平仓、振捣；养护。

（一）浇筑前的准备

浇筑前的准备工作有：地基面的处理；施工缝和结构缝的处理；设置卸料入仓的辅助设备（如栈桥、溜槽、溜管等）；立模、钢筋架设；预埋构件、冷却水管、观测仪器；人员配备、浇捣设备、风水电设施的布置；浇筑前的质量检查等。

1. 地基面处理

为了保证所浇筑的混凝土和地基紧密结合，浇捣前必须要依照设计要求对地基面进行妥善的处理。

2. 施工缝的处理

浇筑块间的新老混凝土接合面就是施工缝。在新混凝土浇筑前，必须对老混凝土表面加以处理，将其表面的软弱乳皮（含游离石灰的水泥膜）清除干净，使得其表面成为干净的有一定石子半露的麻面，以利新老混凝土的紧密结合。

当用纵缝分块时，纵缝面上则不需凿毛，但是需要冲洗清扫，以利灌浆。

1）施工缝的处理

（1）风砂枪喷毛：将经过筛选的粗砂和水装入密封的沙箱，并通入压气。压气混合水砂，用喷枪射出，把混凝土表面喷毛。

喷毛时间视气温和混凝土强度增长情况而定，一般在浇后 24～46h 后进行喷毛。

（2）高压水冲毛：浇后 5～20h，开始可用压力 10～25kN/cm² 的高压水冲毛，对龄期稍长的可用更高的水压，有时配以钢丝刷。高压水冲毛效率高，使用方便。关键是掌握冲毛时机，以免冲不动或冲毛过深，但冬季冰冻时不便使用。

（3）风镐凿毛和人工凿毛：对坚硬混凝土可利用风镐或石工锤钎进行凿毛。

（4）钢刷机刷毛：在大而平坦的仓面上，可用钢刷机刷毛。钢刷机装有旋转的粗钢丝刷和吸收浮渣的装置。

2）舱面清扫

舱面清扫应在即将浇筑前实行，以清除施工缝上的垃圾、浮渣和灰尘，并用风水枪或压力水冲洗，也不能有积水。

施工缝的处理质量，对建筑物的抗滑稳定以及整体性、抗渗性、抗冻性等都有重要影响，必须予以高度重视。

3. 模板、钢筋和预埋件的安设

这道工序应做到规格、数量无误，定位准确，连接牢靠。

4. 开仓前全面检查

舱面准备就绪，风、水、电及照明布置妥当后，经质检部门全面检查，发给准浇证后，才允许开仓浇筑。一经开仓则应连续浇筑，避免因为中断而出现冷缝。

（二）入仓铺料

浇筑混凝土前，基面的浇筑仓和老混凝土上的迎水面浇筑仓，在浇筑第一层混凝土前必须先铺一层厚 2～3cm 的水泥砂浆，砂浆的水灰比应较混凝土的水灰比低 0.03～0.05。

1. 平层铺料法

沿舱面长边逐层水平铺筑，第一层铺筑并振捣密实后，再铺筑振捣第二层，依次达到计划的浇筑高程为止。铺料层厚与振捣性能、气温高低、混凝土调度、混凝土初凝时间和来料强度等因素有关。在一般情况下，层厚多为 30～60cm，当采用振捣器组振捣时，层厚可达 70～80cm。

层间间歇超过混凝土初凝时间会出现冷缝，使层间的抗渗、抗剪和抗拉能力明显降低。

2. 斜层铺料法

当浇筑仓面大，混凝土初凝时间短，混凝土拌和、运输浇筑能力不足时，可采用斜层浇筑法。斜层浇筑法由于平仓和振捣使砂浆容易流动和分离。对此，应使用低流态混凝土，浇筑块高度一般限制在 1～1.5m 以内。同时应该控制斜层法的层面斜度不大于 10°。

3. 阶梯铺料法

阶梯浇筑法的铺料顺序是从仓位的一端开始，向另一端推进，并以台阶形式同时向前推进同时向上铺筑，直至浇到规定的厚度，把全仓浇完。阶梯浇筑法的最大优点是缩短了混凝土上、下层的间歇时间；在铺料层数一定的情况下，浇筑块的长度可不受到任何限制。既适用大面积仓位的浇筑，也适用于通仓浇筑。阶梯浇筑法的层数不多于 3～5 层，阶梯长度不小于 2.8m。

无论是采用哪一种浇筑方法，都应保持块内混凝土浇筑的连续性。如相邻两层浇筑的间歇时间超过混凝土的初凝时间，将出现冷缝，造成质量事故，此时应停止浇筑并按施工缝处理。

（三）平仓、振捣

1. 平仓

平仓就是把卸入仓内成堆的混凝土铺平到要求的均匀厚度,可采用振捣器平仓。振捣器先斜插入料堆下部,然后再一次一次地插向上部,使流态混凝土在振捣器作用下自行摊平。但须注意,使用振捣器平仓,不能代替下一个工序的振捣密实。在平仓振捣时不应造成砂浆与骨料离析。近些年来,在大型水利水电工程的混凝土施工中,已逐渐推广使用平仓机(或湿地推土机)进行混凝土平仓作业,大大提高了工作效率,减轻劳动强度;但要求舱面大,仓内无拉条等障碍物。

2. 振捣

振捣的目的是使混凝土密实,并使混凝土与模板、钢筋及预埋件紧密结合。振捣是混凝土施工中最关键的工序,应该在混凝土平仓后立即进行。

混凝土振捣主要采用振捣器进行。其原理是利用振捣器产生的高频率、小振幅的振动作用,减小混凝土拌和物的内摩擦力和黏结力。从而使塑态混凝土液化、骨料相互滑动而紧密排列、砂浆充满空隙、空气被排出,以保证混凝土密实,并使液化后的混凝土填满模板内部的空间,且与钢筋紧密结合。

1)振捣器的类型和应用

混凝土振捣器的类型,按振捣方式的不同,分为插入式、外部式、表面式和振动台等。其中外部式只适用于柱、墙等结构尺寸小且钢筋密的构件;表面式只适用于薄层混凝土的捣实(如渠道衬砌、道路、薄板等);振动台多用于实验室。

插入式振捣器在水利水电工程混凝土施工中使用最多。它的主要形式有电动软轴式、电动硬轴式和风动式三种,其中以电动硬轴式应用最普遍。电动软轴式则用于钢筋密、断面比较小的部位;风动式的适用范围与电动硬轴式的基本相同,但是耗风量大,振动频率不稳定,已逐渐被淘汰。

(1)电动软轴插入式振捣器。它的电动机和机械增速器(齿轮机构)安装在底盘上,通过软轴(由钢丝股制成)带动振动棒内的偏心轴高速旋转而产生振动。这种偏心轴式软轴振捣器,由于偏心轴旋转的振动频率受到制造上的限制,故而振动频率不高,应用在钢筋密集、结构单薄的部位,有 B-50 型、ϕ63 型等。

(2)电动硬轴插入式振捣器。它的构造特点是电动机装在振动棒内部,直接与偏心块振动机构相连。同时采用低压变频装置代替机械增速器,以保证工人安全操作和提高振捣器的振动频率。

硬轴振捣器构造比较简单,使用方便,其振动影响半径大(35~60cm),振捣效果好,故在大体积混凝土浇筑中应用最普遍。常见型号有国产 HZ6P-800,HZ6X-30 型,电动机电压为30~42V。

2）振捣器的使用与振实判断

用振捣器振捣混凝土，应在仓面上按一定顺序和间距，逐点插入进行振捣。每个插点振捣时间一般需要 20～30s，实际操作的振实标准是根据以下一些现象来判断：混凝土表面不再显著下沉，不再出现气泡；并在表面出现一层薄而均匀的水泥浆。如振捣时间不够，则达不到振实要求；过振则骨料下沉、砂浆上翻、产生离析。

振捣器的有效振动范围，用振动作用半径 R 表示。R 值的大小与混凝土坍落度和振捣器性能有关，可经试验确定，一般为 30～50cm。

为了尽量避免漏振，插入点之间的距离不能过大。要求相邻插点间距不应大于其振动作用半径 R 的 1.5～1.75 倍。在布置振捣器插点位置时，还应格外注意不要碰到钢筋和模板。但离模板的距离也不要大于 20～30cm，以免因漏振使混凝土表面出现蜂窝、麻面。

在每个插点进行振捣时，振捣器要垂直插入，快插慢拔，并插入下混凝土 5～10cm，以保证上、下混凝土结合。

3）混凝土平仓振捣机

它是一种能同时进行混凝土平仓和振捣两项作业的新型混凝土施工机械。

平仓振捣机，能代替繁重的劳动、提高振实效果和生产率，适用于大体积混凝土机械化施工。但要求舱面大，无模板拉条，履带压力小，还需要起重机吊运入仓。

根据行走底盘的型式，平仓振捣机主要有履带推土机式和液压臂式两种基本类型。

（四）混凝土养护

养护就是在混凝土浇筑完毕后的一段时间内保持适当的温度和足够的湿度，形成良好的混凝土硬化条件。养护是保证混凝土强度增长，不发生开裂的必要措施。

养护分洒水养护和养护剂养护两种方法。洒水养护就是在混凝土表面覆盖上草袋或麻袋，并用带有多孔的水管不间断地洒水。采用养护剂养护，就是在混凝土表面喷一层养护剂，等其干燥成膜后再覆盖上保温材料。

塑性混凝土应在浇筑完毕后 6～18h 内开始洒水养护，低塑性混凝土应在浇筑完毕后立即喷雾养护，并及早开始洒水养护。而且应连续养护，养护期内从始至终保持混凝土表面的湿润。养护持续期应符合 DL/T5144-200K 水工混凝土施工规范》的要求，一般不少于 28d，有特殊要求的部位宜适当延长养护时间。

四、混凝土的温度控制

（一）混凝土的温度变化过程

混凝土在凝固过程中，由于水泥水化，释放大量水化热，使混凝土内部温度逐步上升。对尺寸小的结构，由于散热较快，温升不高，不致引起严重后果；但对大体积混凝土，最小尺寸也要保持在 3～5m 以上，而混凝土导热性能随热传导距离呈非线性衰减，大部分水化热将积蓄在浇筑块内，使块内温度高达 30～50℃，甚至更高。

（二）温度应力与温度裂缝

大体积混凝土的温度应力，是由于变形受约束而产生，包括基础混凝土在降温过程中受基岩或老混凝土的约束；由非线性温度场引起各单元体之间变形不一致的内部约束；以及在气温骤降情况下，表层混凝土的急剧收缩变形，受到内部热胀混凝土的约束等。由于混凝土的抗压强度远高于抗拉强度，在温度压应力作用下不致破坏的混凝土，当受到温度拉应力作用时，常因抗拉强度不足而产生裂缝。随着约束情况的不同，大体积混凝土温度裂缝有如下两种。

1. 表面裂缝

混凝土浇筑后，其内部由于水化热温升，体积膨胀，如受到岩石或老混凝土约束，在初期将产生较小的压应力，当之后出现较小的降温时，即可将压应力抵消。而当混凝土温度继续下降时，混凝土块内将出现较大的拉应力，但是混凝土的强度和弹模随龄期而增长，只要对基础块混凝土进行适当的温度控制即可防止开裂。但是最危险的情况是遭遇寒潮，气温骤降，表层降温收缩，内胀外缩，在混凝土内部产生压应力，表层产生拉应力。各点温度应力的大小，取决于该点温度梯度的大小。

当表层温度拉应力超过混凝土的允许抗拉强度时，将产生裂缝，形成表面裂缝，其深度不超过30cm。这种裂缝多发生在浇筑块侧壁，方向不定，短而浅，数量较多。随着混凝土内部温度下降，外部气温回升，有重新闭合的可能。

大量工程实践表明，混凝土坝温度裂缝中绝大多数为表面裂缝，且大多数表面裂缝是在混凝土浇筑初期遇气温骤降等原因引起的，少数表面裂缝是由于中后期受年变化气温或水温影响内外温差过大所造成的。而表面保护是防止表面裂缝的最有效措施，特别是混凝土浇筑初期内部温度较高时尤为注意表面保护。

2. 贯穿裂缝和深层裂缝

变形和约束是产生应力的两个必要条件。由于混凝土浇筑温度过高，加上混凝土的水化热温升，形成混凝土的最高温度，当降到施工期的最低温度或降到水库运行期的稳定温度时，即产生基础温差，由这种均匀降温产生混凝土裂缝，这种裂缝是混凝土的变形受外界约束而发生的，所以它整个端面均匀受拉应力，一旦发生就会形成贯穿性裂缝。

由温度变化引起温度变形是普遍存在的，温度应力出现的关键在于有无约束。人们不仅把基岩视为刚性基础，也把已凝固、弹模较大的下部老混凝土视为刚性基础。这种基础对新浇不久的混凝土产生温度变形所施加的约束作用，称为基础约束。

这种约束在混凝土升温膨胀时引起压应力，在降温收缩时引起拉应力，当此拉应力超过混凝土的极限抗拉强度时，就会产生裂缝，称为基础约束裂缝。由于这种裂缝自基础面向上开展，严重时可能贯穿整个坝段，故又称为贯穿裂缝。此外，裂缝在接近基岩部位和顶端，都是逐渐尖灭的。切割的深度可达3～5m以上，故又称为深层裂缝。裂缝的宽度可达1～3mm，且多垂直基面向上延伸，既可能平行纵缝贯穿，也可能沿流向贯穿。

（三）大体积混凝土温度控制的任务

大体积混凝土紧靠基础处产生的贯穿裂缝，无论对坝的整体受力还是防渗效果的影响比浅层表面裂缝的危害都大得多。表面裂缝虽然可能成为深层裂缝的诱发因素，对坝的抗风化能力和耐久性有一定影响，但是毕竟其深度浅、长度短，一般不至于成为危害坝体安全的主要因素。

大体积混凝土温度控制的任务，先是通过控制混凝土的拌和温度来控制混凝土的入仓温度，再通过一期冷却来降低混凝土内部的水化热温升，从而降低混凝土内部的最高温升，使温差降低到允许范围。其次是通过二期冷却，使坝体温度从最高温度降到接近稳定温度，以便在达到灌浆温度后及时进行纵缝灌浆。

众所周知，为了满足施工方便和温控散热要求，坝体所设的纵缝在坝体完建时应通过接缝灌浆使之结合成为整体，方能蓄水安全运行。倘若坝体内部的温度没有达到稳定温度就进行灌浆，灌浆后坝体温度进一步下降，又会将胶结的缝重新拉开。因此将坝体内部温度迅速降低到接近稳定温度的灌浆温度是进行接缝灌浆和坝体蓄水受益的重要前提。

需要采取人工冷却降低坝体混凝土温度的另一个重要原因，是由于大体积混凝土散热条件差，单靠自然冷却使混凝土内部温度降低到稳定温度需要的时间太长，少则十几年，多则几十年、上百年，从工程及时受益的要求来看，也必须要采取人工冷却措施。

（四）混凝土的温度控制措施

1. 降低混凝土的入仓温度

1）合理安排浇筑时间

在施工组织上，安排春、秋季多浇；夏季早晚浇，中午不浇；这是最经济有效地降低入仓温度的措施。在高温季节施工时，应根据具体情况，采取下列措施，减少混凝土的温度回升：

（1）缩短混凝土运输及等待卸料时间，入仓后及时进行平仓振捣，加快覆盖速度，缩短混凝土的暴露时间；

（2）混凝土运输工具有隔热遮阳措施；

（3）采用喷雾等方法降低舱面气温；

（4）当浇筑块尺寸较大时，可采用台阶式浇筑法，浇筑块分层厚度小于 1.5m；

（5）混凝土平仓振捣后，采用隔热材料及时覆盖。

基础部位混凝土，应在有利季节进行浇筑。如果需要在高温季节浇筑，必须要经过反复论证，并采取有效的温度控制措施，经批准后实施。

2）加冰或加冷水拌和混凝土

混凝土拌和时，将部分拌和水改为冰屑，利用冰的低温和冰融解时吸收潜热的作用。实践证明混凝土拌和水温降低 1℃，可使混凝土出机口温度降低 0.2℃左右。但加冰后，混凝土拌和时间要适当延长，相应会影响生产能力。若采用冰水拌和或地下低温水拌和，则可避免这一弊端。

3）降低骨料温度

（1）成品料仓骨料的堆料高度不宜低于 6m，并应有足够的储备；

（2）搭盖凉棚，用喷雾机喷雾降温（砂子除外），水温 2～5℃，可使骨料温度降低 2～3℃；

（3）通过地弄取料，防止骨料运输过程中温度回升，运输设备均应有防晒隔热措施；

（4）粗骨料预冷可采用风冷、浸水、喷洒冷水等措施。采用水冷法时，应有脱水措施，使骨料含水量保持稳定。采用风冷法时，应采取措施防止骨料（尤其是小石）冻仓。

（5）真空气化冷却，利用真空气化吸热原理，将放入密闭容器的骨料，利用真空装置抽气并保持真空状态约半小时，使骨料气化降温冷却。

2. 降低混凝土水化热温升

减少混凝土的水化热温升，最根本的措施是使用水化热量较低的水泥；掺用活性掺合料．合理地降低水泥用量。其他措施尚有加大骨料粒径、改善骨料级配、使用外加剂和降低混凝土坍落度等。近些年来，我国水工混凝土在掺用粉煤灰和外加剂方面取得了显著的效果，使单位水泥用量较大幅度减少，应推广应用。

1）减少每立方米混凝土的水泥用量

其主要措施有：

（1）根据坝体的应力场对坝体进行分区．不同分区采用不同标号的混凝土；

（2）采用低流态或无坍落度干硬性贫混凝土；

（3）改善骨料级配，选取最优级配，减少砂率．优化配合比设计，采取综合措施，以减少每立方米水泥用量；

（4）掺用混合材料，粉煤灰、掺和料的用量可达水泥用量的 25%～40%；

（5）采用高效减水剂，不仅能节约水泥用量约 20%，使 28 天龄期混凝土的发热量减少 25%～30%，且能提高混凝土早期强度和极限拉伸值。

2）采用低发热量的水泥

在满足混凝土各项设计指标的前提下，应采用水化热低的水泥。过去多用中热和低热硅酸盐水泥，但低热硅酸盐水泥，因早期强度低，成本高，已逐渐被淘汰。近些年已开始生产低热微膨胀水泥，它不仅水化热低，且有微膨胀作用，对降温收缩还可以起到补偿作用，减小收缩引起的拉应力，有利于防止裂缝的发生。

3. 加速混凝土散热

1）采用自然散热冷却降温

采用低块薄层浇筑，并适当延长散热时间，即适当增长间歇时间。基础混凝土和老混凝土约束部位浇筑层厚 1～2m 为宜，上下层浇筑间歇时间宜为 5～10d。在高温季节，可采用表面流水养护混凝土，有利于表面散热。

2）在混凝土内预埋水管通水冷却

若在浇筑层中埋设冷却水管，分层厚度可采用 3m，层间间歇时间可适当延长。坝体混凝土通水冷却一般分为初期、中期、后期，初期即一期通水冷却，其作用主要是削减早期混凝土最高温度峰值,高温季节一般采用制冷水,其他季节可采用低温河水。中期、后期即二期通水冷却,中期通水一般用于削减越冬期间可能出现的过大内外温差,于冬季来临前进行,一般采用河水;后期通水主要是满足坝体接缝灌浆要求,使坝体达到接缝灌浆温度,通水时间较紧、坝体接缝灌浆温度较低时采用制冷水,否则可以采用河水。由于通水冷却期间如果坝体混凝土温度与冷却水温之间的温差过大,坝体降温速度过快可能引起混凝土裂缝,《水工混凝土施工规范》DL/T5144—2001 对此提出相应要求。

采用冷却水管进行初期冷却,通水时间由计算确定,一般为 15 ~ 20d。混凝土温度与水温之差,不宜超过 25℃,管中水的流速以 0.6m/s 为宜。水流方向应每24h 调整 1 次,每天降温不宜超过 1℃。当混凝土内部温降梯度过大时会引起混凝土温度应力不平衡而产生裂缝。

采用坝体中期通水冷却,通水冷却时间由计算确定,一般为 2 个月左右。通水水温与混凝土内部温度之差,不应超过 20℃,日降温速度不超过 1℃。通常中期冷却应保证至少有10 ~ 15℃的混凝土内部温降,使接缝张开 0.5mm 以上,来满足接缝灌浆对灌缝宽度的要求。

通水的进出口一般设于廊道内、坝面上、宽缝坝的宽缝中或空腹坝的空腹中。

在混凝土内预埋蛇形冷却水管,通循环冷水进行降温冷却。在国内以往的工程中,多采用直径约为 2.54cm 的黑铁管进行通水冷却,该种水管施工经验较多,施工方法成熟,水管导热性能好,但是水管需要在工地附属加工厂进行加工制作,制作安装均不方便,且费时较多。此外,接头渗漏或堵管时有发生,材料及治安费用也较高。目前应用较多的是塑料水管。如二滩工程采用 φ28mm 高密聚乙烯冷却水管,管中流速 0.5 ~ 1.0m/s,已成功地应用了这项技术,并将浇筑层厚提高到 3m。在使用塑料冷却水管时,如果下料前通水,即可提前发现漏水情况,又可避免管子被压扁。另外通过二滩工程的实践证明,下料前通水,还可减少管子被砸破的概率。

五、低温季节施工

日平均气温连续 5d 稳定在 5℃以下或最低气温连续 5d 稳定在 -3℃以下时,依照低温季节施工。低温季节施工,必须编制专项施工组织设计和技术措施,以保证浇筑的混凝土满足设计要求。混凝土早期允许受冻临界强度应满足:大体积混凝土不应该低于 7.0MPa(或成熟度不低于 1800℃·h);非大体积混凝土和钢筋混凝土不应低于设计强度的 85%。低温季节施工要做好施工准备,施工时要采取一定的施工方法和保温措施。

(一)施工准备

(1)原材料的储存、加热、输送和混凝土的拌和、运输、浇筑仓面,均应根据气候条件通过热工计算,选择适宜的保温措施。

(2)骨料宜在进入低温季节前筛洗完毕。成品料应有足够的储备和堆高,并要有防止冰雪和冻结的措施。

（3）低温季节混凝土拌和宜先加热水。当日平均气温稳定在 -5℃以下时，宜加热骨料。骨料加热方法，宜采用蒸汽排管法，粗骨料可以直接用蒸汽加热，但不得影响到混凝土的水灰比。骨料不需加热时，应注意不能结冰，也不应混入冰雪。

（4）拌和混凝土之前，应用热水或蒸汽冲洗拌和机，并将积水排除。

（5）在岩基或老混凝土上浇筑混凝土前，应检测其温度，如为负温，应加热至正温，加热深度不小于 10cm 或以浇筑仓面边角（最冷处）表面测温为正温（大于 0℃）为准，经检验合格后方可浇筑混凝土。

（6）舱面清理宜采用热风枪或机械方法，不宜用水枪或风水枪。

（7）在软基上浇筑第一层基础混凝土时，基土不能受冻。

（二）施工方法、保温措施

（1）低温季节混凝土的施工方法宜符合下列四个要求：

①在温和地区宜采用蓄热法，风沙大的地区应采取防风设施。

②在严寒和寒冷地区预计日平均气温 -10℃以上时，宜采用蓄热法；预计日平均气温在 -15～-10℃时可采用综合蓄热法或暖棚法；对风沙大，不宜搭设暖棚的舱面，可以采取覆盖保温被下布置供暖设备的办法；对特别严寒地区（最热月与最冷月平均温度差大于42℃），在进入低温季节施工时要认真研究确定施工方法。

③除工程特殊需要，日平均气温 -20℃以下不宜施工。

④混凝土的浇筑温度应符合设计要求，但温和地区不宜低于 3℃；严寒和寒冷地区采用蓄热法不应低于 5℃，采用暖棚法不应低于 3℃。

（2）温和地区和寒冷地区采用蓄热法施工，应遵守下列规定：

①保温模板应严寒，保温层应搭接牢靠，尤其在孔洞和接头处，应保证施工质量；

②有孔洞和迎风面的部位，应增设挡风保温设施；

③浇筑完毕后应立即覆盖保温；

④使用不易吸潮的保温材料。

（3）外挂保温层必须牢固地固定在模板上。模板内贴保温层表面应平整，并有可靠措施保证在拆模后能固定在混凝土表面。

（4）混凝土拌和时间应比常温季节适当延长，具体通过试验确定。已加热的骨料和混凝土，应尽量缩短运距，减少倒运次数。

（5）在施工过程中，应注意控制并及时调节混凝土的机口温度，尽量减少波动，保持浇筑温度均匀。控制方法以调节拌和水温为宜。提高混凝土拌和物温度的方法：首先应考虑加热拌和用水；当加热拌和用水尚不能满足浇筑温度要求时，要加热骨料。水泥不得直接加热。

（6）拌和用水加热超过 60℃时，应改变加料顺序，将骨料与水先拌和，再加入水泥，以免假凝。

（7）混凝土浇筑完毕后，外露表面应及时保温。新老混凝土接合处和边角应加强保温，保温层厚度应是其他面保温层厚度的 2 倍,保温层搭接长度不应小于 30cm。

(8)在低温季节浇筑的混凝土,拆除模板必须遵守下列三个规定:

①非承重模板拆除时,混凝土强度必须大于允许受冻的临界强度或成熟度值;

②承重模板拆除应经计算确定;

③拆模时间及拆模后的保护,应满足温控防裂要求,并遵守内外温差不大于 20P 或 2~3d 内混凝土表面温降不超过 6℃。

六、坝体接缝灌浆

混凝土坝的断面尺寸一般都比较大,实际施工时常分缝分块进行浇筑。重力坝的横缝一般为永久温度沉陷缝;重力坝的纵缝、拱坝和重力拱坝的横缝,都属于临时施工缝。临时施工缝,需要进行接缝灌浆,蓄水前应完成蓄水初期低库水位以下各灌区的接缝灌浆及其验收工作,蓄水后,各灌区的接缝灌浆应在库水位低于灌区底部高程时进行。

(一)灌浆缝的缝面结构

根据缝的面积大小,将缝面从下而上划分为若干灌浆区。每一灌浆区高约 9~12m,面积 200~300m²,四周用止浆片封闭,自成一套灌浆系统。每个灌区由循环管路、止浆片、键槽、出浆盒、排气槽及排气管等组成。灌浆时利用预埋在坝体内的进浆管、回浆管、支管及出浆盒向缝面压送水泥浆,迫使缝中空气(包括缝面上的部分水泥浆)从排气槽、排气管排出,直至缝面灌满设计稠度的水泥浆为止。

1. 止浆片

沿每一灌浆区四周埋设,其作用是防止接缝通水及灌浆时水与浆液的外露。止水片过去多采用 1.2mm 厚的镀锌铁片,这类材料易于锈蚀,或因形状不好而与混凝土结合不良,常引起止浆片失效。近些年来,已广泛应用塑料止水带。止水带宽度采用 250~300mm 为宜。

垂直及水平止浆片距坝块表面的距离应不小于 30cm,如止浆片距坝面的距离过小,混凝土不易振捣密实,容易出现架空或漏振,影响止浆效果。

2. 灌浆管路

由进浆管、回浆管、支管、出浆盒、排气槽、排气管等组成。目前国内形成灌浆系统有两种方式:一种是传统的钢管盒式灌浆管路系统(即埋管式),支管间距 2m,支管上每隔 2~3m 有一孔洞,其上安装出浆盒。出浆盒由喇叭形出浆孔(采用木制圆锥或铁皮制成)与盒盖(采用预制砂浆盖板或铁皮制成)组成,分别位于缝面两侧浇筑块中。在进行后浇块施工时,盒盖要盖紧出浆孔,并在孔边钉上铁钉,来防止浇筑时堵塞。待以后接缝张开,盒盖也相应张开以保证出浆。

一种是 20 世纪 70 年代研发成功的骑缝式拔管灌浆管路系统。两者比较,骑缝式拔管灌浆管路系统具有结构简单,省工省料,出浆顺畅,进、回浆压力小等优点,乌江渡工程坝体灌浆就是采用的骑缝式拔管灌浆管路系统。

3. 键槽

为保持坝体的整体稳定性,灌浆缝面需设置键槽,键槽分纵缝键槽和横缝键槽两种。键槽设计成不等边三角形,其短边及长边尽量垂直于第一及第二主应力,使斜面上的剪应力等于零或接近于零。当先浇块在上游时,键槽的短边应在上,长边在下;先浇块在下游时,则短边在下,长边在上。对于拱坝及重力拱坝,从传递应力、有利于施工及接缝灌浆考虑,一般采用三角形键槽,横缝采用梯形键槽。对较高的大坝设置垂直梯形键槽,对于中低高度的坝,横缝设置水平梯形键槽。

4. 出浆盒

钢管盒式灌浆系统中,位于键槽上的出浆盒是灌浆时浆液从灌浆管道进入缝面通道,为了使浆液在进入缝面时易于扩散,出浆盒一般设计成圆锥形。施工时先浇块上预埋截头圆锥体铁(木)模,大头紧贴键槽模板,小头通过短管或直接与支管相接,先浇块拆模时,将铁(木)模取出在后浇块上升前,盖上预制混凝土或金属盖板,并在盖板周围涂抹水泥砂浆,形成缝面出浆盒。出浆盒应放在键槽易拉开一面,如放在三角形键槽的上部斜面及梯形键槽的凹直面。

每个出浆盒担负灌浆面积以 $5m^2$ 为宜,应呈梅花形布置,灌浆底部的一排出浆盒,间距可适当加密到1.5m。

5. 排气槽和排气管

排气槽断面为三角形,水平设于每一灌浆区的顶端,并通过排气槽与灌浆廊道相通。其作用是:在灌浆过程中排出缝中空气;排出部分缝面浆液,判断接缝灌浆情况;从排气管倒灌水泥浆,保证接缝灌浆质量。

(二)接缝灌浆的程序和方法步骤

1. 接缝灌浆的施工顺序

(1)应按高程自下而上分层进行;

(2)重力坝的纵缝灌浆宜从下游向上游推进,或先灌上游第一道纵缝后,再从下游向上游顺次灌浆,拱坝横缝灌浆宜从大坝中部向两岸推进,当既有横缝灌浆又有纵缝灌浆时,施工顺序应按工程具体情况确定。一般是先灌横缝,后灌纵缝。

(3)处于陡坡基岩上的坝段,施工顺序另行确定。

2. 接缝灌浆的程序、方法和步骤

接缝灌浆的整个施工程序是:缝面冲洗、压水检查、灌浆区事故处理、灌浆、逆浆结束。其中灌浆工序本身,是由稠度较稀的初始浆液(水灰比3∶1或2∶1)开灌,经中级浆液(水灰比1∶1)变换为最终浆液(水灰比0.6∶1或0.5∶1),直到进浆结束。

初始浆液稠度较稀,主要是润湿管路及缝面,并排出缝中大部分空气。中级浆液主要起着过渡作用,但也可以充填一些较细的裂缝。最终浆液用来最后充填接缝,确保设计要求的稠度。在灌浆过程中,各级浆液的变换,可由排气管口控制。开灌时,最先灌入初始浆液;

当排气管口出浆后，即可改换中级浆液；当排气管口出浆稠度与注入浆液稠度接近时，即可改换最终浆液。由此可知，排气管间断放浆是为了变换浆液的需要，即排出空气和稀浆，并保持缝面畅通。在此阶段，还应适当地采取沉淀措施，即暂时关闭进浆阀门，停止向缝内进浆 5~30min，使缝内浆液变浓，并消除可能会形成的气泡。这种沉淀措施，在施工中又称为间断进浆。

同一接缝的上、下层灌区的间隙时间，不应少于 14d，并要求下层灌浆后的水泥石具有70% 的强度后，才能进行上层灌区的灌浆。同一高程的相邻纵缝或横缝的间隙时间应不少于 7d。同一块同一高程的纵、横缝间隙时间，如果属于水平键槽的纵缝先灌浆，须要等待14d 后方可灌注横缝。

灌浆转入结束阶段的标准是，排气管出浆稠度达到最终浆液稠度，排气管口压力或缝面张开度达到设计规定值，注入率不大于 0.4L/min，再持续灌浆 20min 后结束。

接缝灌浆的压力必须慎重选择，过小不易保证灌浆质量，过大可能影响坝的安全。一般采用的控制标准是，进浆管压力（3.5~4.5）× 105Pa，回浆管压力（2~2.5）× 105Pa。

第二节　碾压混凝土筑坝技术

碾压混凝土是水泥用量和用水量都较少的干硬性混凝土，通常掺入一定比例的粉煤灰等粉状掺合料。碾压混凝土筑坝是用搅拌机拌和，自卸汽车、皮带运输机等设备运输，用摊铺机将混凝土薄层摊铺，用振动碾压实的方法筑坝。

一、碾压混凝土筑坝技术发展概况

1964 年意大利阿尔卑惹拉坝采用了类似土坝的不分块施工方法，使用汽车运送混凝土料，推土机平仓，振捣器振捣，通仓薄层浇筑。这种新的筑坝方式，不仅进一步改善了坝体分缝分块浇筑的施工方法和结构形式，而且节约了大量模板材料及安装工程量，为机械化作业创造了更方便更有效的操作条件。这种变革不仅加快了筑坝速度，降低了成本，还通过切缝建造横缝，在上游采用专用防渗面板等，为大坝分缝及防渗结构设计提出了新的思路。而后瑞士在大狄克逊坝工程采用了坍落度仅 1~3cm 的低流态混凝土和大型强力振捣器浇筑胶凝材料和用水量较低的干贫混凝土，不但大大节省了水泥用量，改善了坝体温度控制条件，而且提高了坝体混凝土的质量。

1970 年美国工程师学会召开了"混凝土快速施工会议"，拉斐尔提出在砂石毛料中加水泥作为填筑材料，用高效率的土石方机械运输和压实方法筑坝的概念。1972 年美国土木工程学会召开了"混凝土坝经济施工会议"，坎农发表论文"用土料压实方法建造混凝土坝"，从此在理论上初步形成了压碾混凝土筑坝的设想。

1974 年巴基斯坦塔贝拉坝的泄洪隧洞出水口被洪水冲垮，修复工作必须在春季融雪之前完成，工期要求十分紧张，施工速度必须要极其快速。于是采用开挖骨料和低水泥用量拌和的碾压混凝土进行修复，在 42 天时间里浇筑了 35 万 m^3 碾压混凝土，证明了碾压混凝土快速施工是可行的。

中国自 1979 年考察了日本的岛地川坝和大川坝的碾压混凝土（RCD 工法）建坝技术后，相继从坝工设计、温度控制、混凝土材料与配合比到混凝土施工工艺展开了全面的试验研究和探索工作，并参照国外碾压混凝土筑坝的经验和教训，对于碾压混凝土筑坝技术有了新认识，提出了一系列新方法和新措施。

二、碾压混凝土筑坝技术的特点

（一）采用低稠度干硬混凝土

碾压混凝土的稠度（工作度）用 VC 值（vibratingcompaction）来表示，即在规定的振动台上将碾压混凝土振动达到表面液化所需时间（以 s 计）。VC 值是检测碾压混凝土的可碾性，并用来控制碾压混凝土相对压实度。VC 值的大小应兼顾既要压实混凝土，又不至于导致碾压机具陷车。国内 VC 值通常控制在 $10 \pm 5s$。较低的 VC 值便于施工，可提高碾压混凝土的层间结合和抗渗性能，随着混凝土制备技术和浇筑作业技术的改进，碾压混凝土施工的稠度也在向降低方向快速发展。

（二）掺粉煤灰并简化温控措施

由于碾压混凝土是干贫混凝土，要求掺水量少，水泥用量也很少。为保持混凝土有必要的胶凝材料，必须要向其中掺入大量粉煤灰。这样不仅可以减少混凝土的初期发热量，增加混凝土的后期强度，简化混凝土的温控措施，而且有利于降低工程成本。当前我国碾压混凝土坝广泛采用中等胶凝材料用量（低水泥用量，高掺量粉煤灰）的干硬混凝土，胶凝材料一般在 $150kg/m^3$ 左右，粉煤灰的掺量占总胶凝材料的 50%～70%，而且选用的粉煤灰要求达到 II 级以上。中等胶凝材料用量使得层面泛浆较多，有利于改善层面自我结合，但对于较低重力坝而言，可能会造成混凝土强度的过高，可以考虑使用较低胶凝材料用量。

（三）采用通仓薄层浇筑

碾压混凝土坝不采用传统的块状浇筑法，而采用通仓薄层浇筑。这样可增加散热效果，取消冷却水管，减少模板工程量，简化舱面作业，有利于加快施工进度。碾压层的厚度不仅与碾压机械性能有关，而且与采用的设计准则和施工方法密切相关。RCD 工法碾压层厚度通常为 50cm、75cm、100cm，间歇上升，层面需作处理；而 RCC 工法则采用碾压层厚 30cm 左右，层间不做处理，连续上升。

（四）大坝横缝采用切缝法形成诱导缝

混凝土坝一般都设横缝，分成若干坝段以防止发生横向裂缝。碾压混凝土坝也是如此，但碾压混凝土坝是若干个坝段一起施工，所以横缝要采用振动切缝机切缝，或设置诱导孔等方法形成横缝。坝段横缝填缝材料一般采用塑料膜、铁片或干砂等。

（五）靠振动压实机械使混凝土达到密实

普通流态混凝土靠振捣器械使混凝土达到密实，而碾压混凝土靠振动碾碾压使混凝土达到密实。碾压机械的振动力是一个重要指标，在正式使用之前，碾压机械应通过碾压试验来检验其碾压性能、确定碾压遍数及行走的速度。

三、碾压混凝土原材料及配比

（一）胶凝材料

碾压混凝土一般采用硅酸盐水泥或矿渣硅酸盐水泥，掺 30%～65% 粉煤灰，胶凝材料用量一般 120～160kg/m³，《水工碾压混凝土施工规范》（SL53—94）中规定，大体积建筑物内部碾压混凝土的胶凝材料用量不宜低于 130kg/m³，其中水泥熟料用量不宜低于 45kg/m³。

（二）骨料

与常态混凝土一样，可采用天然骨料或人工骨料，骨料最大粒径一般为80mm，迎水面用碾压混凝土自身作为防渗体时，一般在一定宽度范围内采用二级配碾压混凝土。碾压混凝土砂率比一般常态混凝土高，二级配砂率范围为32%～37%，三级配砂率范围为28%～32%。对砂的含水率的控制要求比常态混凝土更加严格，砂的含水量不稳定时，碾压混凝土施工层面易出现局部集中泌水现象。砂的含水率在混凝土拌和前应控制在 6% 以下。砂的细度模数控制在 2.4～3.0 之间。

（三）外加剂

一般应掺用缓凝减水剂，并掺用引气剂，增强碾压混凝土的抗冻性。

（四）碾压混凝土配合比

碾压混凝土配合比应满足工程设计的各项指标及施工工艺要求，包括：

（1）混凝土质量均匀，施工过程中粗骨料不容易发生离析。如减小骨料最大粒径，增加胶凝材料总量，选用适当的外加剂，增大砂率等都是有效防止骨料分离的措施。

（2）工作度（稠度）适当，拌和物较易碾压密实，混凝土容重较大。一般情况下来说，碾压混凝土愈软（VC 值愈小），压实愈容易，但是碾压混凝土过软，会出现陷碾现象。

（3）拌和物初凝时间较长，易于保证碾压混凝土施工层面的良好黏结，层面物理力学性能好。可采用拌和物中掺入缓凝剂，来延长混凝土保塑时间。

（4）混凝土的力学强度、抗渗性能等满足设计要求，具有较高的拉伸应变能力。由于碾压混凝土不同于常态混凝土的工艺特点，所以与常态混凝土配合比设计有如下差异：常态混凝土配合比设计强度是以出机口随机取样平均值为其设计强度，使用常规的通用计算公式。而碾压混凝土由于受到混凝土出机至混凝土碾压结束工艺条件的制约，往往会产生骨料离析、出机到碾压结束时间过长、稠度丧失过多、碾压不实等不利因素影响，以致于坝体碾压混凝土实际质量要低于出机口取样质量，为此在配合比设计中应适当考虑这一情况，并留有一定余地。

（5）对于外部碾压混凝土，要求具有适应建筑物环境条件的耐久性。一般通过对胶凝材料总量及砂子细颗粒含量的最低用量（小于0.15mm颗粒含量占8%～12%）作为必要限制，来确保碾压混凝土的耐久性。

（6）碾压混凝土配合比要经现场试验后调整确定。

四、碾压混凝土施工工艺

（一）现场碾压试验

在完成室内碾压混凝土配合比设计所提供的初试值的基础上，应进行现场碾压试验。试验场地一般是利用临时围堰、护坦或大型临时设备基础等。其试验目的有以下五个：

（1）校核与修正碾压混凝土配合比各项设计参数。

（2）确认碾压混凝土施工工艺各项参数。如碾压混凝土入仓与收仓方式，混凝土运输卸料、摊铺及预压，横缝施工，碾压混凝土压实厚度及遍数，碾压混凝土放置时间及其质量变化，模板结构物周边部位混凝土施工措施等。

（3）检验、检测欲使用的碾压混凝土施工设备的适用性、工作效率，以便确认施工设备配置数量，确定碾压混凝土条带摊铺厚度、宽度与长度。

（4）实地操作并熟悉碾压混凝土筑坝技术的施工工艺，解决施工中可能发生的问题，确认碾压混凝土可能达到的质量指标。

（5）制定适合本工程的碾压混凝土施工规程。实践证明在现场碾压试验之前用砂石料进行工艺模拟演练，可以收到良好的效果。

（二）拌制混凝土

拌制碾压混凝土宜优先选用强制式搅拌设备，也可以采用自落式等其他类型搅拌设备。无论采用哪种搅拌设备，必须要保证搅拌混凝土的均匀性和混凝土填筑能力。

碾压混凝土的拌制时间，应通过现场混凝土拌和均匀性试验确定，一般不宜少于60s。各种原材料的投料顺序一般为砂→水泥→粉煤灰→水→石子。不能实现以上投料顺序，也可允许砂石首先一齐投入拌和机，但胶凝材料和水必须滞后于砂石投放，来避免胶凝材料沾罐和水分的损失。

（三）运输混凝土

运输碾压混凝土要选择适合坝址场地特性的运输方式，尽可能做到少转运，速度快。宜采用自卸汽车、皮带机、真空溜管，必要时缆机、门机、塔机等机具也可采用。无论采用哪种运输设备,都要防止骨料离析以及水和水泥浆的超量损失。

采用自卸汽车运输混凝土直接入仓时,在入仓前应将轮胎清洗干净,洗车槽距仓口的距离应有不小于20m的脱水距离,并铺设钢板,防止泥土、水等污物带入仓内。车辆在仓内的行驶速度不应大于10km/h,应避免急刹车、急转弯等有损混凝土质量的操作。

真空溜管是靠溜管内负压控制混凝土下滑速度,所以真空溜管竖直输送混凝土,应保证溜管的真空度,真空溜管的坡度和防止骨料离析措施应通过现场试验确定。

(四)卸料

碾压混凝土施工宜采用薄层连续铺筑,汽车卸料时,宜采用退铺法依次卸料,且宜按梅花形进行依次堆放,先卸1/3,移动1m左右,再卸2/3,卸料应尽可能均匀,堆旁出现的离析骨料,应用人工或其他机械将其均匀分散到尚未碾压的混凝土面上。为了减少骨料离析,应采取"一堆三推",即先从料堆的两个坡角先推出,后推中间部分。只要摊铺层的表面积能容以摊铺机和自卸汽车作业,就应将料卸在已摊铺层上,由摊铺机全部推移原位,形成新的摊铺面,这样可起到搅拌作用。

(五)平仓摊铺

碾压混凝土填筑时一般按条带摊铺,条带宽度根据施工强度确定,一般为4~12m(取为碾宽的倍数)。铺料后常采用湿地推土机平仓,但不得破坏已碾压完成的混凝土层面。推土机的平仓方向一般应与坝轴线平行,分条带平仓,摊铺要均匀,每层厚20cm左右,平仓过的混凝土表面应平整、无凹坑,不允许出现向下游倾斜的平舱面。

(六)碾压

一个条带平仓完成后立即开始碾压,一般选用自重大于10t的大型滚筒自行式振动碾,作业时行走速度为1~1.5km/h,碾压遍数通过现场碾压试验确定,一般为无振2遍加有振6~8遍,碾压条带间交错碾压宽度大于20cm,端头部位搭接宽度宜大于100~150cm。条带从摊铺到碾压完成时间宜控制在2小时左右,边角部位用小型振动碾压实。碾压作业完成,用核子密度仪按每100m²一个点的要求检测其密度,达到设计要求后再进行下一层碾压作业。若是没有达到设计要求(一般要求相对压实度不小于97%),立即重碾至设计要求为止。模板周边无法碾压部位也可采用常态混凝土或变态混凝土施工(变态混凝土是在碾压混凝土拌和物铺料前后和中间喷洒同水灰比的水泥粉煤灰净浆,采用插入式振捣器振捣密实的混凝土)。

(七)成缝及层间处理

碾压混凝土施工,通常会采用大面积通仓填筑,坝体的横向伸缩缝可采用"振动切缝机造缝"或"设置诱导孔成缝"等方法形成。造缝一般采用"先切后碾"的施工方法,成缝面积不应小于设计横缝面积的60%,填缝材料一般采用塑料膜、金属片或干砂。诱导孔成缝即是碾压混凝土浇筑完一个升程后,沿分缝线用手风钻钻孔并填砂诱导成缝。

每个碾压层面均要求在混凝土初凝之前进行上层碾压覆盖,超过初凝时间未加覆盖的层面应刮摊 1.5～2.0cm 厚水泥砂浆或喷洒净浆层面以利层间粘接。超过终凝时间的层面应进行冲毛,再刮摊 1.5～2.0cm 厚水泥砂浆以利层间粘接。重要的防渗部位(如上游 3m 宽范围),要求在每一个碾压层面都要进行喷洒净浆处理。

(八)异种混凝土结合部位施工

异种混凝土结合部位,是指不同类别两种混凝土相结合的部位,如碾压混凝土与常态混凝土结合部位、碾压混凝土与变态混凝土的结合部位等。

1. **碾压混凝土与常态混凝土结合部位**

在碾压混凝土坝中使用常态混凝土的部位有:当采用"金包银"结构时大坝上、下游表面,坝体电梯井和廊道周边,大坝岸坡基础找平层等部位。为了保证常态混凝土和碾压混凝土交界面的结合质量,要求两种混凝土同步浇筑.即无论是大坝上、下游面的常态混凝土防渗体,还是大坝岸坡基岩面的常态混凝土垫层,都要求与主体碾压混凝土同步进行浇筑。

对于碾压混凝土与常态混凝土结合部位的施工,有"先常态后碾压"和"先碾压后常态"两种方法。在工程实践之中,一般倾向于"先碾压后常态"的施工方法;因为常态混凝土在振捣时易流淌,难以成型,且在同等情况下,常态混凝土的初凝时间比碾压混凝土的初凝时间短。不论是采用哪种施工方法,都应在常态混凝土初凝前振捣或碾压完毕。在结合部位振捣完毕后,再用大型振动碾进行骑缝碾压 2～3 遍或小型振动碾碾压 25～28 遍。

2. **碾压混凝土与变态混凝土的结合部位**

在碾压混凝土中加入水泥净浆或水泥掺粉煤灰净浆,并用插入式振捣器振捣密实的混凝土称为变态混凝土。变态混凝土施工技术是由我国首创,并不断发展完善的碾压混凝土坝施工新技术。这种施工技术不仅能有效解决靠近模板部位的碾压混凝土操作不便的问题,而且具有良好的防渗效果。在近些年来的碾压混凝土工程中,变态混凝土已越来越多的代替了原来需采用常态混凝土的部位,其应用范围已由主要用于大坝上、下游模板内侧,上、下游止水材料埋设处,推广到电梯井和廊道周边、大坝岸坡基础找平层等部位。

(1)加浆

变态混凝土的加浆方式主要有底部加浆和顶部加浆两种。

①底部加浆方式就是在下一层变态混凝土层面上加浆后,在其上面摊铺碾压混凝土后再用插入式振捣器进行振捣,利用激振力使浆液向上渗透,直至顶面出浆为止。这种加浆方式的优点是均匀性好,但振捣非常困难,现在已很少采用。

②顶部加浆方式则是在摊铺好的碾压混凝土面上铺洒水泥浆,然后用插入式振捣器进行振捣。这种加浆方式使混凝土振捣容易,但浆液向下渗透较困难,这种加浆方式在工程上应用较为广泛。一般采用人工提桶舀水泥浆,铺洒到摊铺的碾压混凝土表面作业方式。铺洒水泥浆的范围一般在模板内侧 50cm 左右。

棉花滩碾压混凝土坝施工中,对传统的加浆工艺进行了改进,设计了插孔器,将水平加浆方式改为竖直加浆方式。铺浆前先在铺摊好的碾压混凝土面上用机 0cm 的插孔器进行造孔,插孔按梅花形布置,孔距一般为30cm,孔深20cm。然后采用人工手提桶(有计量)铺洒水泥浆。

变态混凝土的加浆量应根据试验确定,一般为施工部位碾压混凝土体积的4%~10%。

(2)振捣

加浆10~15min后即可对变态混凝土进行振捣。一般采用插入式振捣器进行振捣,也可采用平仓振捣机进行振捣。江垭工程对模板附近的变态混凝土先采用平仓振捣机振实,再用人工插入式振捣棒振匀。而对止水片附近的变态混凝土则直接采用人工插入式振捣棒振捣,以确保止水片不发生变位。振捣次序为:先振变态混凝土,再振与碾压混凝土的搭接部位,搭接宽度一般控制在10~20cm左右。在振捣上层变态混凝土时,将振捣器插入下层混凝土5cm,来加强上下混凝土的层面结合;振捣时间控制在25~30s。

(3)变态混凝土与碾压混凝土结合部位的碾压。在对变态混凝土注浆前,先将其相邻部位的碾压混凝土压实,来避免变态混凝土内的水泥浆流到碾压混凝土内。在变态混凝土振捣完成后,用大型振动碾将变态混凝土与碾压混凝土搭接部位碾平。

(九)碾压混凝土的养护和防护

碾压混凝土是干贫性混凝土,掺水量少就容易受外界条件的影响很大。在大风、干燥、高温气候条件下施工,要避免混凝土表面水分散失,应当采取喷雾补偿等措施,在舱面造成局部湿润环境,同时在混凝土拌和时适当将VC值调小。

但是,没有凝固的混凝土遇水又会严重降低强度,特别是表层混凝土几乎没有强度,所以在混凝土终凝前,严禁外来水流入。当降雨强度超时3mm/h时,应立即停止拌和,并迅速完成进行中的卸料、平仓和碾压作业。刚碾压完的舱面应采取防雨保护和排水措施。

碾压混凝土终凝后立即开始洒水养护。对于水平施工缝和冷缝,洒水养护应持续至上一层碾压混凝土开始铺筑为止;对永久外露面,宜养护28d以上。刚碾压完的混凝土不能洒水养护,可用毯子或麻袋覆盖防止表面水分蒸发,且起到养护作用。

低温季节应对混凝土的外露面进行保温养护,特别在温度骤降的时候,更应加强混凝土的保温措施。

第 六 章　立式水轮机的安装

第一节　埋设件的安装

一、埋设件安装的特点和质量要求

立式混流式水轮机的埋设部分包括尾水管里衬、基础环、座环、金属蜗壳和机坑里衬等。从安装的角度进行分析,这些部件有以下四个共同特点:

(1)它们都由混凝土固定和支撑,安装工作与混凝土的浇筑交叉进行,安装质量很容易受土建施工的影响。而且在程序上必须由下而上地逐件进行。

(2)它们都是大尺寸的薄壁构件,其中多数是用钢板拼焊而成的。但形状却比较复杂,又都是埋设在混凝土中的。因此,在安装和浇筑混凝土时,如何防止形状及位置发生变化就成了一个十分重要而又困难的事情。

(3)埋设件是机组安装工作中最先安装定位的部分,其中座环是机组安装的基准件。埋设件的水平位置和高程将决定整台机组的位置,而且座环的安装精度将在很大程度上影响了机组的安装质量。

(4)大部分埋设件属于水轮机的过流部件,是水流将要经过的流道。过流部分的形状、尺寸必须符合设计要求,流道表面还应该平整、光滑,否则势必会影响到水轮机的工作效率。

由以上这些特点不难看出,埋设件的安装是重要的,也是困难的。

二、尾水管里衬的安装

混流式水轮机的尾水管里衬的作用是防止水流的冲刷和水轮机气蚀对混凝土尾水管的侵蚀。一般用于高水头的包括直锥段肘形段和一部分扩散段,用于中,低水头的大多只有直锥段。但无论是哪一种尾水管里衬,其形状和尺寸均应符合要求。在安装之前必须检查,校正,必要时还要从内部支撑和加固。

（一）准备工作

1. 在机坑中准备标高中心架

机组中心在水电站厂房内的位置情况，是用一组平面坐标表达的。全国统一规定厂房的上、下游方向为 Y 轴，上游方向为 +Y，下游方向为 -Y；而厂房的纵向为 X 轴，就各台机组而论，蜗壳进水的一侧为 +X，反方向为 -X。由于我国的水轮发电机组都是由发电机端看顺时针方向转动的，因此在厂房内面对上游时，右边为 +X，左边为 -X。在土建施工阶段，厂房的 X、Y 轴已经确定下来，并且由原始基准和有关的坐标值加以固定。在机组安装之前，必须要把厂房的坐标系统转移到各台机组的机坑中去，从而用标高中心架固定机组的中心位置。

2. 准备基础板和楔子板

基础板是尾水管里衬吊入机坑后的临时支撑点，通常用厚度 12 mm 或以上的钢板切割而成，大小根据需要确定，但必须大于调整用的楔子板。个数按厂家要求，一般用 4 个分别放在 X、Y 轴线上。楔子板是两面都经过加工的楔形钢板，通常一面为平面，另一面为斜度 1∶15～1∶25 的斜面，小头厚 8～10 mm 或更厚。大小则视需要情况来决定。一对楔子板的斜面互相贴合，调整用楔子板应成对使用，搭接长度在 2/3 以上。使用前应配研，确保所有工作面的接触长度大于 70%，接触面的受力不大于 30 MPa。

（二）吊入尾水管里衬并找正

中、低水头的尾水管里衬是一段或两段直锥形钢管。尾水管里衬吊入机坑后放在基础板（或楔子板）上。锥管的下口应与混凝土浇筑的肘管对正，主要是上口的中心位置和高程两方面应在允许的误差范围内。

尾水管里衬上口的安装高程，可以利用钢琴线的已知高程来测量。用钢板尺测量上口到钢琴线的高差，四个方向应该一致而且等于设计值，如果高程不符合相关要求的则应加以调整。

对里衬高程的调整方法，随结构情况而不同。如果尾水管里衬下口带有调节螺栓，则只需转动螺栓就能调节该侧的高程。如果它的下口只有法兰面，则在吊入之前先在基础板上摆放楔子板，以后用打入或退出楔子板的方法来调整高程。

（三）加固

尾水管里衬的高程和上口中心位置必须反复调整、检查，直到两方面都符合要求为止。安装后应加固牢靠，以避免埋入部件在混凝土浇筑过程中产生位移和变形。基础螺栓、千斤顶、拉紧器、楔子板、基础板等均应点焊固定。圆钢埋设时，应与混凝土内的钢筋搭焊；拉锚埋设时，应尽可能与混凝土内的钢筋搭焊。

加固可与调整工作结合进行，锚固当中和锚固以后应注意检查尾水管里衬的安装质量。

（四）安装测压管、补气管等有关管路，浇筑混凝土

埋设部件与混凝土结合面，应无油污和严重锈蚀。混凝土浇筑时应保证混凝土在埋件周围均匀沉积，不得从高处投掷或单项浇捣，合理确定浇筑速度和每层浇高以避免埋件产生位移和变形；在混凝土浇筑过程中应监视埋件的变形，并且按照实际情况随时调整混凝土浇筑顺序；混凝土与埋件结合面应密实，不得有空洞、疏松等缺陷。

三、座环、基础环和锥形环的安装

座环是立式混流式机组的安装基准件，尺寸大，质量重，而且安装精度要求高，因此应充分重视它的安装工作。基础环是座环与尾水管之间的部件，也是形成转轮室下部空间的部件，通常都与座环直接连接，或者与座环做成一个整体。座环与基础环应该一起安装，调整，基本程序介绍如下。

（一）准备工作

（1）清扫，组合，做好 X、Y 轴线标记。对分瓣制作的座环、基础环，应先组合成整体，检查并校正其形状、尺寸。组合面应光洁无毛刺。合缝间隙用 0.05 mm 塞尺检查，不能通过；允许有局部间隙，用 0.10 mm 塞尺检查，深度不应超过组合面宽度的 1/3，总长不应超过周长的 20%；组合螺栓及销钉周围不应出现间隙。组合缝处安装面错牙一般不超过 0.10 mm。

最后需在座环上法兰的顶平面上画出 X、Y 轴线，以确定它应有的安装位置。座环的轴线方位取决于蜗壳的进水方向，固定导叶的分布等因素，一般制造厂都有明确的标记，安装之前应该复查。

（2）准备标高中心架。座环是安装基准件，安装的中心位置和高程必须依据原始基准来测量，因此应设置标高中心架。对于中小型机组，如果安装尾水管里衬时的标高中心架足够高，则可以保留下来方便再一次使用，这样的效果往往更好。

（3）准备座环支墩及地脚螺栓孔位。对中小型机组来说，一般在 X、Y 轴线上设四个支墩，既简单又便于调整。钢支墩在布置时，应错开座环分半面，来避免影响座环的组装、焊接。支墩多用上小下大的钢筋混凝土立柱，顶部应埋设一块较厚的基础板，再垫一对楔子板去支承座环，并用水平仪测量钢支墩上的楔子板顶部高程应保持一致，高程差控制在 1 mm 以内（允许在楔子板下面加钢片进行楔子板高程的调整）。基础板在埋设时应注意：中心位置误差不大于 10 mm，高程误差在 0 ~ -5 mm，水平度误差在 1 mm/m 范围内。

（二）吊入、找正

（1）中心位置调整。用安装尾水管里衬时的找正方法，在代表轴线的钢琴线上悬挂垂球，再使座环上的刻线与之对正。

（2）高程测量和调整。座环顶面的应有高程，由机组的安装高程和厂家图纸计算决定，设置标高中心架。这样就很容易用钢板尺测量钢琴线到座环顶面的高度差，从而调整座环的安装高程。为了更加准确地掌握座环顶面的高程,在初步调整之后还可以用高精度水准仪复查一次。从原始基准出发,用水准仪测量座环顶面 ±X、±Y 轴线四个位置的高程,应该基本一致并等于应有高程。钢板尺的测量精度为 0.5 ~ 1 mm,而水准仪的测量误差可以控制在 0.2 ~ 0.5 mm。

（3）水平度的测量和调整。从座环安装的各项要求中,上平面的水平度要求最高。因为从理论上讲,座环的顶平面与其轴线相垂直,即与机组轴线相垂直,如果座环安装后水平度误差偏大,则将来机组的轴线就不是铅垂线,这势必严重影响机组的运行。与此同时,座环是安装的基准件,如果座环的轴线倾斜,安装发电机定子等其他部件时,就会失去测量的依据。由此,保证座环顶平面的水平度,是安装工作的关键之一。

水平度的测量,须用框形水平仪加水平梁,原地调头,取两次读数的平均值作计算。为了全面掌握顶平面的水平度情况,测量必须在不同方向上进行,如在 X、Y 轴线方向,在轴线之间 45° 的倾斜方向等。

对座环中心位置的调整,用千斤顶或拉紧器进行;对座环高程和水平度的调整,都由动作楔子板来完成。这三方面的调整是互相影响的,必须反复进行测量、反复调整,才能同时满足要求。实际操作时往往可分为两个阶段来进行,座环,基础环先在自由状态时进行粗调,加上锚固措施后再进行精调,边调整边锚固。

（三）锚固

对座环的锚固,除点焊基础板楔子板,在四周焊接锚固钢筋外,还须要使地脚螺栓受力并点焊固定,也就是说,应在上下和四周都加以固定。

（四）基础环的安装

尾水管里衬已经安装并浇筑了混凝土,但其精度要求较低。座环和基础环后一步安装,但精度要求很高。基础环下口应与尾水管里衬连接,以形成光滑的尾水通道,但这种环形的焊缝受两者形状,尺寸和位置的影响,并不一定能完全对正,也就不便于焊接。为了不影响座环的安装,环缝也只能在浇筑混凝土之后焊接。其具体的处理方式,先使锥形段与基础环焊接,并在外面焊接用薄钢板卷成的围带,围带的下口须包围尾水管里衬但不进行焊接。这之后即浇筑混凝土,如果围带下口的缝隙较大,可用麻绳等材料堵塞。待到混凝土初凝以后,再校正并焊接围带内侧的两道环焊缝,使之连成整体。

四、金属蜗壳的安装

混流式水轮机一般采用金属蜗壳,适用于高、中水头。金属蜗壳将导水机构全部包围,蜗壳的断面形状,金属蜗壳一般做成圆形,而且由于结构上的要求,由圆形逐渐过渡到椭圆形。小型机组一般采用铸造蜗壳,安装比较简单。对大型机组采用的钢板焊接的蜗壳,其安装较为复杂,但使用非常广泛。由于运输条件的限制,钢板焊接蜗壳一般在厂家试装后要分成若干节运到工地,安装工作就需要先把钢板组合成节,再将各节依次挂装在座环上。

（一）蜗壳单节的拼装

蜗壳的分节，每一节的形状和尺寸等都由制造厂决定，并以单线图等资料的形式给出。运到工地的钢板也已通过预装，并具有编号。在工地拼装成节时，先按单线图为各节准备中心支架，再用马蹄铁、压码、楔子板，花篮螺丝等调整钢板的弧度以及钢板之间的合缝间隙，然后施焊纵缝组成单节。这一过程中必须测量和调整：①单节大，小口的弧长（以内径为准），在挂装时它们与相邻的节应当一致。②单节开口的弦长，断面的半径（内径）号应符合单线图要求。③上、下蝶形边的弧长。在挂装时各节弧长的总和应与座环蝶形边相适应。④定出本节的水平轴线并在外表面做好标记，测量水平轴线处本节的宽度。该宽度如果不符合要求，将影响挂装时节与节之间的环缝。最后，应从内部进行支撑，加固，使单节的形状、尺寸固定下来。

（二）蜗壳的挂装及焊接

蜗壳划分成若干节，挂装工作必须按一定顺序逐节进行。首先挂装大口平面在 +X 轴或 +Y 轴线方向的定位节，然后依次挂装与之相邻的各节，最后进行凑合节的切割及挂装。实际操作时应按下述的基本程序进行挂装。

1. 设置中心标志和工作平台

挂装蜗壳以前先在尾水管内搭设工作平台。中心部分设一支架，顶部水平放置一块钢板，使表面高程为机组的安装高程，也与蜗壳的水平轴线同高度。再悬挂机组轴线，在钢板上做好中心标志。

2. 挂装定位节

任何一节蜗壳要挂装到座环上，首先都必须要明确三个方向的位置：上、下方向，应使水平轴线达到中心标志板的高程；半径方向，应使蜗壳的最大半径 R 符合单线图的规定；圆周方向，应保证蜗壳进口断面和尾部的位置符合图纸要求。

定位节吊入后用千斤顶支撑，拉紧器与四周的固定部分连接，再通过固定连接板，拉紧螺栓挂在座环的蝶形边上。

在十字形钢琴线上用软线悬挂两个垂球，定位节的大口应在这两条垂线所形成的平面内。检查并调整大口上、下、左，右与垂线间的距离就能实现这一要求。同时，可用胶管水平仪比较水平轴线与中心标志板的高度，用钢卷尺测量本节最大半径的大小。用千斤顶、拉紧器、葫芦等反复调整它的位置，直到三方面都符合要求为止。

3. 挂装其余各节

定位节调整合格并点焊固定后，即可在它的大口或小口旁边，挂装相邻的节，以后则依次挂装。其他节的挂装，必须测量和保证水平轴线高度、最大半径的大小，但是圆周方向的位置可不再测量，改用环焊缝宽度和蝶形边弧长来控制。

4. 焊接环焊缝

除凑合节外，各节均挂装合格后才能进行正式的焊接工作。为了减少变形并保证焊接质量,必须要由合格焊工施焊。焊接环缝应由2人或4人同时进行,按对称的分段退步焊法施焊,每一段的长度控制为300~500 mm,而且逐道,逐层地堆焊。每焊完一道焊缝,应立即清扫,检查,发现裂纹、气孔、夹渣等应及时处理。

5. 焊接凑合节

蜗壳分节拼合,再逐节挂装,尺寸和定位上的误差在所难免,各节环缝的焊接也会发生不均匀的收缩,这一切都影响到最后一节的形状和尺寸。

在整个圆周上,凑合节是最后焊接的,由于两边都有环焊缝,焊接过程它不能够自由伸缩,因而可能产生较大的焊接应力,也容易产生裂纹。

6. 焊接蝶形边

蜗壳与座环蝶形边之间的焊缝,是两大部件的连接缝,应当在蜗壳的纵、环焊缝全部焊完之后才焊接。如果在挂装及环缝焊接中一部分一部分地焊,蜗壳的焊接变形就势必会影响到座环。但是,最后焊接蝶形边,前面的焊接过程必然影响蝶形边焊缝,造成焊缝宽窄不均,甚至在某些部位与蜗壳不能恰当配合。对此,必须先对蝶形边焊缝进行检查和校正,必要时可以重新修整剖口,或者采取堆焊、镶边等方式作处理。

蝶形边的焊接仍采用对称方向的分段退步焊法。为了保证过流面平滑又便于施焊,上蝶形边应在内部加衬板,先在外面施焊,最后清除衬板,在内部作封底焊,下蝶形边则可在外部加衬板,在内部一次焊完。蝶形边焊缝往往较宽大,应当用多层、多道的堆焊,同时需注意各层焊道的接头应相互错开。

(三)焊接质量检查

蜗壳的焊缝多而且复杂,将来还要承受动水压力作用,因而必须要经过严格的质量检查。

1. 焊缝探伤检查

焊缝的内部质量,通常用无损探伤进行检查。用X射线探伤时,环缝抽查10%的长度,纵缝和蝶形边焊缝抽查20%的长度。用超声波探伤时,则应检查全部焊缝。

2. 整体水压试验

蜗壳和压力钢管应一起进行水压试验。试验时要封堵钢管进口,用试压泵使之逐步充水加压,当压力升到规定的试验压力后停留15 min以上,压力钢管及蜗壳均不得有明显的变形和渗漏。

试验压力应按厂家的要求,或者由电站水头计算决定:静水头与最大水锤压力之和小于2.5 MPa的(即250 m水头),取两者和的1.5倍为试验压力;静水头与最大水锤压力之和大于2.5MPa的,超过2.5 MPa的部分取1.25倍,加上3.75 MPa的基数作为试验压力。

(四)锚固并浇筑混凝土

蜗壳是空心的薄壁构件,又是水轮机尺寸最大的部件,在它四周浇筑混凝土时,蜗壳会承受很大的浮力及横向压力,很容易发生位移。因此,蜗壳的锚固工作必须认真、仔细地进行,要从上、下,左、右多个方向固定它的位置。而且混凝土的浇筑和振捣都必须均匀,缓慢,应该逐步上升,通常要求每小时混凝土的升高不超过 300 mm。

五、机坑里衬的安装

机坑里衬是机墩内壁在下段所设置的钢板裙边,有了它可以保证水轮机顶盖上方的机坑尺寸,而且便于设置机坑内的踏脚板,为维护及机组检修提供了必要的条件。机坑里衬还是机墩内壁的下半段,有了它也为机墩浇筑混凝土提供了方便。

机坑里衬是用钢板卷制成的圆筒形部件,安装前应检查并校正其形状,必要时可以从内部支撑,加固。吊在座环顶平面上后,应该按照座环搪口到里衬法兰内圆距离均匀地调整它的位置。定位时还应考虑将来与顶盖边沿之间保留 10～15 mm 的距离,而且应注意机墩进入门、推拉杆穿孔等的位置要符合设计要求。

六、接力器基础的安装与调整

根据座环上法兰面的标记挂十字钢琴线,按图调整接力器坑衬中心到钢琴线的距离,与设计值偏差应不超过 ±3 mm;调整接力器坑衬的中心高程,与设计值偏差应不超过 ±1.5 mm。与机组基准线的平行度偏差不得大于 2 mm。调整合格以后,将接力器基础点焊在机坑里衬上。

第二节 导水机构预装配

混流式水轮机的导水机构,由底环、顶盖、活动导叶,导叶传动机构和控制环等组成,作用是引导水流方向、调节流量大小。活动导叶分布在转轮四周,可能会有 12、14、16 个或者更多,各导叶应当同时,同步地动作。全关时要求关闭严密,尽可能地去减少漏水量;开启时则要求开度均匀一致,而且操作应该灵活、方便。

一、机组中心测定

座环是立式混流式机组安装的基准件,座环的中心也就是机组的中心。座环埋设以后,其中心位置和轴线已经确定,但并没有具体、准确地表达出来。在安装其他部件时要以机组轴线为准调整位置,因而应当事先测量并用钢琴线表达座环的轴线。

(一)复查座环的安装质量

座环安装的主要质量指标有一项:中心位置,高程和顶平面的水平度,其中对水平度的要求最严,误差应小于 0.07 mm/m。复查时常在座环上均匀划分 8 个或 16 个测点,用水平梁加框形水平仪检查顶平面的水平度情况。与此同时,用水准仪复查高程,还用钢板尺检查座环上、下平面以及各道搪口之间的高度。

如果座环尺寸符合图纸要求,但水平度超出允许的误差范围,就要用磨、锉等方法进行修整,而且必须对顶平面和下平面同时修磨,直到水平度符合要求为止。当然,这种修磨是非常困难的,这正好说明埋设座环时保证质量,加强锚固,控制好混凝土浇筑的重要性。

(二)测定并表达机组轴线

立式混流式水轮机,常以座环的第二道搪口来测定其中心位置。测定的具体方法是:①设置中心架,求心器,用重锤悬挂钢琴线;②用钢板尺或钢卷尺测量第二搪口四周的半径,从而初步调整钢琴线位置;③用内径千分尺加耳机测量第二搪口的半径,从而细调钢琴线的位置,力求四周半径相等,此时钢琴线即表达了机组轴线。

二、下部固定止漏环定位

混流式水轮机,转轮的上冠、下环与固定部分之间都设有止漏环,分别称为上部止漏环和下部止漏环。大中型机组的止漏环常为单独加工后组合而成的,下部止漏环的固定部分用螺栓装在座环的下平面上,上部止漏环的固定部分则装在顶盖上,而止漏环的转动部分都焊接在转轮上。为了保证水轮机正常运行,止漏环间隙必须均匀而且符合设计值,允许的最大偏差应小于或等于设计间隙的 20%。对固定止漏环而言,其四周半径的误差就不得大于设计间隙的 10%。在这当中,下部固定止漏环距推力轴承最远,转轮的摆动幅度最大,因此是首先需要保证位置精度的。其具体方法是:①对正螺栓孔位,将下部固定止漏环装在座环下平面上,螺栓可装入但不拧紧。②以轴线为准,用内径千分尺加耳机测量固定止漏环四周的半径,调整其位置,直到四周半径的偏差小于设计间隙的 10% 为止。③拧紧螺栓,在圆周的对称位置上钻、铰 2 个(或 4 个)定位销孔,打入定位销。

这以后对导水机构进行预装配时,就可以用下部固定止漏环的中心作为基准了。

三、大中型机组导水机构的预装配

(一)顶盖定位

(1)吊入底环、活动导叶及顶盖。底环应与下部固定止漏环基本同心,与此同时,底环和顶盖的螺栓孔应与座环上的螺孔对正。将活动导叶插在底环的轴套内,可以吊入全部导叶,也可以只吊入半数的导叶间隔着插入。顶盖的位置还涉及排水孔等的方向,应该按照设计要求安放。对厂家已经进行过预装配并作有编号和轴线标志的,应该按照原预装的位置安放底环、导叶及顶盖。

（2）以下部固定止漏环为准,用中心架,求心器、重锤等悬挂出机组轴线。

（3）用内径千分尺和耳机测量上部固定止漏环四周的半径,从而调整顶盖的位置,使各半径间的最大偏差小于设计间隙的 10%。由于顶盖（底环）是用粗制螺栓固定在座环上的,孔径大于螺栓直径,因而其位置能在一定范围内调整。如果发现少数螺孔不能对正,则应加以修整。

（4）初步拧紧顶盖的连接螺栓。

（5）装入导叶套筒,此时活动导叶应能搬动。

（二）底环定位

要使活动导叶关闭严密而且转动灵活,必须要保证各导叶的轴线成铅垂线。在顶盖位置已经确定的情况下,只能够调整底环的位置来实现这一要求。

（1）测量导叶端面间隙,将各导叶转到全关位,再用塞尺检查它们的端面间隙。如果导叶大、小头（进、出水边）的端面间隙不相等,则表明导叶轴线在圆周方向是倾斜的,底环应该在圆周方向适当移动。

当然,如果把各导叶都转到半径方向,同样用塞尺检查大,小头的端面间隙,则可以掌握导叶轴线在径向上的倾斜情况,底环也就需要在半径方向上作相应的调整。

上述过程测得的是导叶端面的总间隙,各导叶的数值可能不相同,但是都应该在图纸规定的范围内,其最小值不得小于设计间隙的 70%。综合所有的导叶,如果端面间隙偏小,应在顶盖与座环之间加垫片;如果端面间隙偏大,则应在底环与座环之间加垫片。这里所加的垫片必须是金属垫片,而且应该在整个环形接触面上均匀加垫。

（2）调整底环位置,保证导叶轴线铅直。底环如果需要在圆周方向移动,可以用四个千斤顶对称布置来推动。如果要在半径方向移动底环,可以沿移动方向布置千斤顶,拉紧器,或者在底环与座环搪口之间打入楔子板。由于底环需要移动的量往往很小,实际操作时必须谨慎,最好安装百分表监测底环的实际位移情况。

（3）复查导叶间隙。底环位置正确以后,各导叶无论处于什么位置,大、小头的端面间隙都应当是均匀一致的。处在全关位置时,导叶之间的立面间隙还应当是上、下均匀的。

对轴颈较大的活动导叶,还可以用塞尺检查导叶轴与套筒（上轴套）之间的间隙。底环位置正确,导叶轴线铅直时,轴颈四周的间隙应该是均匀的。

（三）做好标记并加工定位销孔

（1）预装合格后对顶盖、底环做好 X、Y 轴线标志;对活动导叶、套筒以及相应的孔位进行编号。编号通常从 +X（或 +Y）方向开始,按照顺时针方向进行排列。

（2）钻、铰顶盖与座环之间的定位销孔。

（3）拆出顶盖和活动导叶。

（4）钻、铰底环与座环之间的定位销孔。

第三节 水轮机转动部分组装

混流式水轮机的转动部分，包括主轴，转轮及其附件，都是分散运至工地再组装成整体的。某些大型机组，转轮本身也是分瓣制造的，需要在现场拼焊。

一、质量要求和基本程序

（一）质量要求

转动部分组装应达到的基本要求有以下三点：

（1）主轴与转轮连接紧密，螺栓压紧力均匀一致且符合设计要求。两法兰的结合面应良好贴合，用塞尺检查时，局部缝隙 0.05 mm 的塞尺不得插入。

（2）主轴与转轮的同轴度符合要求，以轴为准测量，上、下止漏环各半径与平均半径之差不得大于设计间隙的 10%。

（3）减压板、法兰护罩等转动附件与主轴的同轴度应符合要求，各半径与平均半径之差不得大于设计间隙的 20%。

（二）组装程序

组装工作的一般程序如下：①吊装主轴并与转轮体连接；②安装泄水锥；③组装上、下止漏环的转动部分；④组装减压板、法兰护罩等附件；⑤测圆及修磨。

二、转轮体与主轴的连接

（一）准备工作

（1）清扫及修整。对主轴、转轮、联轴螺栓、螺母，以及转动附件进行彻底清扫，检查加工面有无毛刺、损伤等，必要时予以修磨。

（2）检查法兰及止口的尺寸，表面不平直度等。结合面的不平直度应该用标准平面去研磨显示，如有局部凸出则可用油石修磨。

（3）检查联轴螺栓与孔的尺寸，对螺栓应经过选配，然后对号入座并在法兰上预装。

（4）检查螺母与螺栓的配合情况。联轴螺栓多用细牙螺纹，如果存在缺陷可用油石或什锦锉刀进行修整。螺栓，螺母应能用手灵活旋入但不允许出现松动。

（5）结合面设有径向圆柱销的，还应该检查并预装圆柱销。

（二）吊装主轴

（1）将转轮支撑成水平状态。转轮与主轴连接，根据下环的尺寸对称布置四个钢支墩，在顶面摆放楔子板并初步调成水平状态——可用水准仪测量高程，使得四块楔子板顶面同高。在中心部位放置泄水锥，并准备千斤顶用的支持平台。然后吊放转轮体，用框形水平仪测量法兰面的水度平误差，从而调整成水平面，如控制水平度在 0.05 mm/m 以内。

（2）在转轮体上对称地装入两根联轴螺栓，作为吊装主轴时的导向杆。

（3）用厂家配给的专用吊具吊起主轴，对正方向后落在转轮上。

（4）在法兰止口装入后，对号入座地装入其他联轴螺栓。

这一过程中联轴螺栓及螺母应加适量的润滑剂，如水银软膏或黄油、透平油。螺栓插入有困难时，可用千斤顶缓慢推送，但不得进行锤击。

（三）连接和固定

（1）按照逐步拧紧联轴螺栓，使各螺栓压紧力均匀而且达到设计要求。

（2）用塞尺检查结合面的贴合情况。一般情况下来说，结合面应无间隙，某些局部的合缝处可能未贴合，但 0.05 mm 的塞尺不得插入。

（3）将螺栓头及螺母用点焊方法固定在法兰上。对止漏环直接作在转轮体上的中、小型机组，连接螺栓的点焊固定须在测圆和修磨之后进行。

三、组装其他零部件

（一）组装泄水锥

可以促使钢丝绳穿过转轮减压孔来起吊，对正后用螺栓固定在转轮体上。螺栓应该以锁定片锁死，或者用点焊固定，从而防止它在运行中脱落或松动。螺栓孔的其余部分必须封死，以保证过流表面平整、圆滑。

（二）组装止漏环

单独制作的止漏环常分为 2～4 段，需要在转轮体上组合成整圆并焊接在转轮上。

组装时应先检查止漏环及转轮体的结合面，除形状、尺寸应符合图纸要求外，需着重检查两者能否密切接触，必要时可逐段研磨、修整。再用特殊拉紧器把止漏环逐段连接起来，在转轮体的预留槽中组合成圆环。止漏环与转轮体应密切贴合，允许局部存在不大于 0.20 mm 的间隙，但长度不得超过周长的 2%。在整个圆周上，有间隙的总长度不得超过周长的 6%。

组合并检查合格后，先焊各段之间的连接缝，使止漏环连成整体；再在对称方向，按分层、分段的退步焊法，焊接止漏环与转轮体之间的结合缝；最后对螺孔等进行补焊。

（三）组装法兰护罩

法兰护罩一般由两半块组合而成,用螺栓固定在法兰上,也可以点焊在法兰上。法兰护罩使联轴螺栓、螺母,法兰等不受水流冲击,还使得外表面变得平整、光滑,减小了转动阻力。组装护罩应注意外圆柱面要与轴垂直,而且表面应平整。

机组运行时,法兰护罩不可避免地会进水,因此必须预先设置排水孔,如组装后在护罩下沿钻 2~4 个直径 8~10 mm 的小孔。

（四）组装减压板

从上止漏环漏入转轮背面的水,会形成沿轴向的水压力,将增大推力轴承的负荷,还会由于水压不均匀而引起气蚀等破坏。为了降低上冠背面的水压力,大中型混流式转轮除减压孔外还设有减压板。位置调整合格后,将减压板点焊在上冠背面。

四、测圆及修磨

转动部分组装成整体,除连接紧密、相互固定外,核心的要求是保证同轴度,尤其是上、下止漏环和减压板外圆等处。这必须要用测圆,架、百分表进行仔细的检查。测圆时先在圆周上均匀划分 8 个或 16 个测点,缓慢推动测圆架,测记各测点上百分表的读数。以读数的平均值为准,各测点中最大的偏差量应小于或等于设计间隙的 10%。

如果止漏环不符合要求,就应该根据测圆记录进行修磨,用人工磨、锉。在测圆架上先安装车床刀架,再装上砂轮机进行修磨。

由于现在制造加工精度提高,现场一般不进行这项工作。

第四节　水轮机正式安装

埋设件安装解决了水轮机固定部分的定位问题,导水机构经过预装配也有了正式组合起来的条件,而转动部分已组装成了整体,下一步就可以把水轮机完整地装配起来,这即是水轮机的正式安装工作。

不过,应当明确说明的是,水轮机安装是与发电机安装交叉进行的。水轮机的正式安装往往在发电机定子、下机架等已经安装定位之后才进行。它的主要内容包括了:转动部分吊入,找正,导水机构正式安装,与发电机联轴并进行轴线检查、调整,安装密封结构,安装及调整导轴承,安装其他附属装置等。

一、转动部分吊人、找正

（一）准备工作

（1）清扫机坑。清除机坑中的一切杂物,清洗及吹扫座环、基础环等埋设件的表面,对螺栓孔尤其应该仔细清理。

（2）准备支撑。在基础环表面对称布置四组（或者三组）楔子板,作为转动部分吊入后的支点。楔子板高程应一致,转轮放上去后低于工作位置 15~20 mm。

（二）吊入转动部分

转动部分吊起后应成垂直状态,吊入机坑应对正中心位置,再平稳地落在楔子板上。

（三）中心位置的测量、调整

（1）粗调整。在下部固定止漏环吊人之前进行。用钢板尺测量座环搪口与转轮止漏环之间的距离。

（2）精调整。吊人下部固定止漏环,按预装配所打的定位销孔定位,并对称、均匀地拧紧连接螺栓。再以固定止漏环为准,用塞尺检查止漏环四周与转轮之间的间隙,从而精确调整转动部分的中心位置。

（3）转动部分中心位置的偏差反映为止漏环间隙的不均匀,通过调整应使止漏环间隙四周均匀,最大偏差不得超过设计值的 20%。

（4）转动部分的挪动,最好在桥机适当受力的情况下,用千斤顶推动,或者在下部止漏环处打入楔子板来挤动。由于调整量不大,最好装设百分表监视位移的大小和方向。

转动部分就位后,其轴线应当是一条铅垂线。由于上法兰面垂直于轴线,而且加工时误差很小,对轴线垂直度的检查就可以用检查上法兰面的水平度来代替。

为了测量上法兰面在不同方向上的水平度误差,应该在对称方向至少四个切线位置摆放框形水平仪,每一个位置上框形水平仪还得调头测量,得到两次读数,其平均值只反映该侧的水平度误差。用调整楔子板的办法,使上法兰面在各方向上的水平度误差,最终不超过 0.02 mm/m。

转动部分就位后对高程、中心位置和上法兰面水平度的调整是互相影响的,在最后的精调阶段必须反复检查和调整,直到三方面同时符合要求为止。

为了保持转动部分的正确位置不变,调整合格后可点焊楔子板,在止漏环间隙处对称地打入楔子等。还应当用布料等将止漏环缝隙遮盖起来,来防止掉入杂物。

二、导水机构正式安装

导水机构的正式安装,就是要彻底完成它的组装工作,达到能实际运行的状态。对大中型机组来说，包括了调整导叶端面间隙、调整导叶立面间隙，调整压紧行程以及检查导叶开度等项工作。小型机组的立面间隙已在预装配中处理了，正式安装只进行其他几项工作。其基本程序和做法如下所述。

（一）吊装主要零部件

（1）吊装底环。底环与座环的结合面清扫后涂白铅油，按预装配时的销孔定位，然后对称、均匀地拧紧连接螺栓。

（2）吊装活动导叶。在底环的轴套内打上少量黄油，然后对号插入活动导叶。

（3）吊装顶盖。由于下机架混凝土牛腿之间的尺寸往往小于顶盖外圆，顶盖必须侧立着放入，到牛腿以下再翻成水平状态，其吊装过程应事先做好准备而且小心进行。顶盖吊成水平状态后，需要清理它与座环的结合面，按照图纸装好橡胶盘根，再涂上白铅油，并按预装配的位置平稳地落在座环上，打入定位销并拧紧固定螺栓。

（4）安装导叶套筒。事先组装套筒的止水盘根，然后对号入座地安装，套筒与顶盖的结合面应加垫橡胶石棉板，并涂白铅油。

以上主要零部件安装当中或组装以后，应该检查：①上部止漏环的间隙。在四周实测 8 点以上，计算平均间隙，从而检查间隙的最大偏差是否不超过平均间隙的 20%。②导叶端面总间隙。测、记各导叶进、出水边的端面总间隙。进、出水边应基本一致，而且总间隙应符合图纸要求，最小值不低于设计值的 70%。③顶盖与转轮之间的轴向间隙。这一间隙应符合厂家要求，而且大于顶转子操作时转动部分需要上升的高度。由于此时转轮比工作位置低 15~20 mm，实测值应扣出这个下沉量再作分析比较。④活动导叶与轴套之间的间隙应均匀，转动应灵活、平稳。

（二）调整导叶端面间隙

1. 安装导叶臂及压盖

对号入座地安装导叶臂及连板，插入分半键但不打紧，再装上压盖和调节螺钉。

2. 调整导叶端面间隙

活动导叶插入底环后下端面与底环接触，端面间隙集中在导叶与顶盖之间。为了减小转动阻力和漏水量，应当使活动导叶适当上升，让端面间隙分散于上、下端面。考虑到运行时水流有使导叶上升的趋势，通常应使下端面的间隙占到总间隙的 40% 左右。对此，在测量上、下端面实际间隙的同时，逐渐拧紧调节螺钉提升活动导叶，到上、下端面间隙符合要求后再打紧分半键。

（三）调整导叶立面间隙

1. 检查及修整导叶立面

在全关位置用钢丝绳捆紧各导叶，用塞尺检查导叶之间的立面间隙。立面间隙的允许值与结构和尺寸相关。对立面间隙不符合要求的导叶，应该用磨、锉等方法进行修整。

2. 安装导叶的传动机构

对应导叶全关位置,安装连杆、控制环、推拉杆,并插入剪断销、圆柱销,使之连接起来。这一过程应注意:各连杆的长度可能不完全相同,这可以转动连杆中段的螺母予以调整,但是一般相差不得超过 1~2 mm,各连杆以及推拉杆在组装后应基本保持水平状态,如果水平度超过 0.1 mm/m,则应在结合面上加垫,或者修整连杆两端的轴套来解决。

3. 导叶立面间隙的检查、调整

拆除捆导叶的钢绳,用调速器液压手动操作使导叶全关,再次检查各导叶的立面间隙,对不符合要求的导叶,应该仔细改变其连杆的长度,从而调整它的立面间隙,直到符合要求为止。

（四）调整接力器压紧行程

按上述过程安装完的导水机构,接力器移到全关位置时,将使所有导叶达到全关状态,而且立面间隙符合规范的要求。但这只是导叶未承受水压作用的几何上的全关位置,实际运行时导叶将受到水流力矩的作用,尤其是在全关位置上,水压力将使导叶向开启方向旋转。为了保证实际工作时关闭严密,接力器应在使导叶全关之后,保持一定的关闭方向的作用力。

如果让接力器移到全关位置,再向关闭方向多走一点,多移动的这一点行程势必使传动机构发生弹性变形,也就会在导叶之间形成一定的压紧力,这正好用来抵抗水压力的作用,维持导叶的严密关闭。接力器在关到全关以后多走的这点行程就称为压紧行程。

大中型机组的接力器,动作调节螺钉就可以改变活塞的全关位置,即可以在导叶全关以后让接力器再关闭一点行程,不过,压紧行程的实际测量是倒过来进行的。先让接力器全关,再切除压力油,用百分表测量接力器受弹性力作用向开启方向后退的距离,此距离则是实际的压紧行程。

（五）导叶开度检查

接力器向开启方向移动时,各导叶应同时,同步地开启,其开度应当均匀而且符合设计要求。对此,可用内卡和钢板尺检查导叶的实际开度。

实际开度的检查一般在接力器行程的 50% 及 100% 下进行,最大开度应达到规定的设计值,而各导叶开度的偏差不得大于设计值的 5%。

三、主轴密封的安装

水轮机主轴的密封装置,包括工作密封和检修密封。工作密封是在机组运行中起作用的,目的在于减少主轴与顶盖之间的漏水量。

（一）预装配

密封装置必须要进行预先的组合、装配,这包括它本身的组合检查,也包括了密封装置与顶盖、主轴的对应检查。组合面应平整、光滑,并良好结合;销钉、螺钉应正确对位;组合后运动的部分应动作灵活等。

(二)试验检查

对工作密封,如橡胶平板密封、U形活塞式密封,通入规定压力的清洁水,橡胶平板应发生弯曲变形并与相应的圆盘接触,U形环则应沿轴向移动并与转动圆盘均匀接触。对空气围带,通入低压压缩空气(压力 0.5～0.7 MPa)后,橡胶围带应有足够的膨胀,从而紧紧地套在轴上。具体的试验压力等应按厂家要求进行。

(三)盘车后正式安装

主轴密封装置的正式安装,是在联轴、轴线检查及校正(即盘车)之后才进行的。要以主轴的实际位置为准,使密封装置四周的径向间隙均匀分布,轴向间隙符合厂家要求。最后需要连接相应的水管,气管,并再一次试验检查,确保密封装置能正常工作。

四,水轮机导轴承安装

水轮机的导轴承有分块瓦式油导轴承、筒式油导轴承,水润滑橡胶轴承等多种形式。橡胶轴承目前仅用于很小的明槽式机组,一般机组都用油导轴承,尤其分块瓦式油导轴承最常见。分块瓦式油导轴承,它由若干块轴瓦包围轴颈,从而形成相对固定的转动中心,轴瓦和轴颈浸泡在透平油中,使两者之间形成一层油膜,由油膜来传力并起到润滑及冷却作用。轴瓦间隙是正常工作的关键,可以转动调节螺钉予以调整。

筒式油导轴承。由两半块组合而成的轴承体包在主轴外面,起到与分块瓦相同的作用。但透平油是依靠转动油盆产生出动压力,从进油管流入,沿轴瓦表面的斜油沟上升,从而在轴瓦与主轴之间形成油膜的。流到固定油箱的透平油,会经回油管流回转动油盆。这也就是说,透平油将在转动油盒和固定油箱之间不间断地循环,从而保证轴承正常工作。

这两种导轴承的安装有所不同,尤其是轴瓦间隙的调整方法不同。但是从总的程序和要求上看,又有其共同的地方,有如下几点:

(1)事先进行轴与瓦的研、刮。

(2)事先进行预装配。轴承的预装配,一方面是轴承自身各部分的组合、检查;另一方面是轴承体或油箱与水轮机顶盖之间的预装及定位。

对分块瓦式导轴承,油箱的内壁筒往往是套在主轴上的,预装时应注意它与主轴的配合关系。而预装的重点在于轴承架,例如应检查、试装调整螺钉,检查轴瓦在轴承架上的位置等。

对筒式导轴承,预装的主要工作是轴承体,例如:它本身的组合,筒式瓦与轴承体的组合(如果两者是分开的);轴承体与固定油箱,与转动油盆的配合关系等。

(3)在盘车后正式安装。轴瓦间隙是轴承正常运行的关键,必须根据厂家的要求和轴线的实际情况来决定。

(4)安装附属装置并充油,准备试运行。调整轴瓦间隙以后,安装测温装置,油管,水管等附属装置,然后充油至厂家要求的高度,再封盖准备投入试运行。

五、水轮机附属装置的安装

水轮机的附属装置,如紧急真空破坏阀、尾水管补气管路、顶盖排水管路、蜗壳排气阀、蜗壳及尾水管排水阀、检修进入门,以及各处的减压管路等。在这之中,不少部分已在安装埋设件时安装就位,最后应该安装的是紧急真空破坏阀、蜗壳排气阀等,紧急真空破坏阀,通常装在水轮机顶盖上。机组开、停机过程,或在低负荷下运行时,顶盖以下可能出现较大的真空度,此时大气压力将克服弹簧阻力使阀盘下降,外界空气则由阀盘四周流入,从而使顶盖以下的转轮室、尾水管等得以补气,使真空下降。

为了保证紧急真空破坏阀正常工作,它必须要事先预装、检查。阀盘及立轴应灵活升降,阀盘的密封面与密封环应均匀接触。弹簧的预压程度应按厂家要求调整,并在机组试运行期间最后调定。

第五节　轴流式水轮机的安装

轴流式水轮机转轮位于转轮室内,主要由转轮体、叶片、泄水锥等部件组成,轴流转桨式水轮机转轮还有一套叶片操作机构和密封装置。

转轮体上部与主轴连接,下部连接泄水锥,在转轮体的四周放置悬臂式叶片。在转桨式水轮机的转轮体内部装有叶片转动机构,在叶片与转轮体之间安装着转轮密封装置,用来止油和止水。

轴流式水轮机能实现流量的双重调节,改变水轮机的出力,适应水头范围大,因此平均效率高,在低水头大中型水电站被广泛使用。例如葛洲坝、铜街子等都采用 ZZ 式水轮机。

轴流式水轮机在埋设部分,导水机构、水导轴承等方面和混流式水轮机大同小异,其主要区别在转轮上。本节主要针对轴流式水轮机安装的一些特点,做出如下介绍。

一、轴流式埋设部分安装

一般轴流式水轮机埋设件由尾水管里衬,基础环,转轮室,支承环,固定导叶,上环和蜗壳上、下衬板组成。

（一）转轮室安装

转轮室是轴流式水轮发电机组的安装基准,转轮室安装在尾水管里衬安装完毕后进行。下面简述安装过程:

（1）基础环、转轮室、支承环组合成整圆,用塞尺检查组合面间隙,检查纵向和径向错牙,保证几个部件的尺寸和形状。

（2）在尾水管里衬顶面的预埋件上放置四对楔子板,分别吊入基础环、转轮室和支承环,在三环外围的环板或径板上焊好拉紧器、千斤顶,以便调整用。

（3）按尾水管里衬安装和调整方法分别进行转轮室等三环的中心,高程和圆度的调整,因为转轮室是轴流式水轮机的安装基准,所以特别是转轮室的中心,圆度和顶面高程要严格控制。中心和圆度以转轮室内圆加工面为准。

（4）加固。调整完毕用角钢等加固。

（二）座环安装

这部分仅对分件到货的座环安装作如下介绍。大型轴流式机组座环,由上环和固定导叶组成,主要采用上环定位法进行安装。

（1）翻身组合预装:每只固定导叶在上环的安装位置均在制造厂进行预先组装,并钻绞销钉孔,安装工地即可直接按销钉孔就位。如制造厂未做这项工作,则应该在安装场地将上环翻身组合,调整好水平,然后将固定导叶倒置于上环上,按照图纸要求方位用经纬仪定位,并钻绞销钉孔,标定 $\pm X$、$\pm Y$ 方向。最后拆下固定导叶,以便正式安装。

（2）机坑内安装（座环安装）:①按照设计图纸,将所有固定导叶吊入就位,并将 $\pm X$、$\pm Y$ 四个方向上的固定导叶调到设计高程,其余固定导叶均低于设计高程 $10 \sim 15\ mm$。②吊人组合成整体的上环,与 $\pm X$、$\pm Y$ 方向的四个固定导叶相连接,打入销钉,跟上环一起调高程、中心和水平,合格后,拧紧上述四个固定导叶的地脚螺栓。③将其余固定导叶提上来,以销钉定位,用螺栓与上环固定,然后拧紧所有地脚螺栓。④最后复查上环的中心,高程和水平,复查合格后进行点焊加固,并用有关量具监视有无变形。

注意:安装中要特别注意座环上环顶面到导叶支承环顶面的距离的控制,否则会使活动导叶压死而不能转动。

二、转轮组合与安装

轴流转桨式水轮机转轮按传动机构可分为有操作架和无操作架两种。有操作架结构用于叶片数目较多的转轮,无操作架结构则用于叶片数目较少的转轮。下面介绍轴流转桨式转轮的组合安装方法。

转轮组合之前的准备工作:①转轮组装用钢支墩 $4 \sim 6$ 个,高度 $1\ m$,支墩上下端面宜加工平整。在钢平台上,划出转轮体上法兰（正装时）或上法兰（倒装时）外圆,均布 $4 \sim 6$ 个组装钢支墩,并固定在钢平台上。②选用正装工艺时,还需要制作辅助钢支墩和支持钢架若干个,按支持转臂和连杆所需重量和高度设计。为了便于搬动,可采用分段组合支墩,支持钢架由角钢焊成,用来支持转臂和连杆处于安装位置,待到与转轮体进行组装。若是转轮结构布置支墩有困难时,可不制作支墩,选用其他适宜的方法。

（一）无操作架转轮的组装

1. 支架固定、转轮体调平

将支架与安装场地的地脚螺栓牢固固定，支架的高度应该便于人在转轮下工作。将转轮体正放于支架上，用方形水平仪或合像水平仪，调整转轮水平在 0.05 mm/m 以内。

2. 转臂、连杆、转轴（枢轴）和活塞安装

（1）将转臂与连杆组合好。

（2）将转臂吊入就位。然后在转轮体顶面加设钢梁和导链吊起转臂并调好中心，即按转臂孔的边缘和转轮体上转轴孔边缘对齐。

（3）找好中心的转臂用支架和千斤顶等工具固定。

（4）利用配重与转轴固定配平，用桥机吊起插入转轮孔和转臂孔内，并用槽钢和拉紧螺栓，将转轴与转臂靠紧，将转轴推入轴承内。

（5）将套筒销轴装于连杆的上轴孔内，吊入套筒并转动 90°，使套筒销进入套筒销槽内，检查套筒与轴瓦间隙四周应均匀。

（6）用千斤顶调整套筒与活塞组合面的高程，使几只套筒的组合面在同一高程。再将活塞吊入，检查活塞与缸体的间隙，四面应该均匀，中心偏差在 0.05 mm 内，然后对称均匀地拧紧套筒螺母，紧力要符合相关设计要求。

3. 转轮叶片、叶片密封、下端盖安装

1）叶片安装

（1）用桥机（千斤顶）将活塞拉（顶）至叶片全关位置，以便于安装叶片，紧固叶片连接螺钉。

（2）叶片按对称方向挂装，每挂装一只应立即用千斤顶或支墩顶住，以防止转轮体出现倾倒。

（3）拧紧螺钉：用桥机和一套导向机构，按照螺栓拧紧办法，对称均匀拧紧螺钉。注意应按先上后下的顺序拧紧。

（4）检查叶片在全关和全开位置的转角应一致，偏差应符合设计要求。一般为叶片位于设计位置时，各叶片安装误差为 ±15′，否则应进行调整。

叶片安装角度，取决于叶片、枢轴、转臂、连杆、套筒和活塞各部件的加工误差，因此各叶片安装角度总会存在差别。试验表明，叶片安装角度对叶片水动力性能存在强烈影响。如在设计位置时，某叶片安放角与其他叶片相差 30′，则其水动力性能将改变 25%。叶片曲率越小，安装角度误差影响越大；转轮叶栅稠密度越大，安装角度误差的影响也越大。因此，叶片安装角调整的好坏，直接关系到转轮水力不平衡的大小和机组摆渡和振动的大小。

2）叶片密封装置安装

常用的叶片密封装置有人形和 V 形密封圈联合密封装置和双 V 形密封圈式叶片密封装置两种形式。

叶片密封装置安装以入形密封为例。入形密封结构由弹簧、顶紧环、特殊螺钉、入形橡胶密封圈、压环和螺钉组成。它的止漏原理是压环从外面压紧,由顶起环和弹簧从里面顶住,当油要从里面向外漏出来时,压力的作用就把入环里面两点向外张开一些,入环外面一点起到同样作用。

安装中,注意以下三个问题:①入形橡胶圈应该紧靠轴颈,避免过松和橡胶圈尖部被划破,以免降低止漏效果。②顶紧环至底面的距离应符合相关设计要求,当压环压紧时弹簧才能有一定的顶紧力。③压环的安装。在转轮体与叶片之间的压环不易安装。要先转动叶片,安装好这几个压环,再安装其他压环。

3)下端盖安装

吊起转轮,在转轮底面涂白铅油,将转轮吊放在支架上的下端盖上,然后对称均匀地拧紧螺钉。

4.渗漏试验

(1)叶片渗漏试验管路配置和试验设备。

(2)检查内容:①各止漏装置,组合缝处渗漏情况;②叶片转动灵活性。

(3)试验。①试验压力:按转轮中心到受油器顶面油柱高度的3倍进行确定。对入形密封一般为 0.5 MPa(即 5 kg/cm²)。②保持时间:最大试验压力下 24 h。③每小时操作叶片全行程开闭 1~2 次。转动平稳,无撞击。④ 12 h 后不得超过规定漏油量。⑤录制活塞行程与叶片转角关系曲线。

(三)转轮安装和调整

(1)安装吊具,检查桥机,将安装平面固定于转轮中心体和叶片下面。

(2)吊转轮就位。

(3)转轮标高调整、中心调整、水平调整。①标高:将转轮安装高程转换到转轮组合面高程,以便用水准仪测量。调整:吊起转轮,用手扳动短吊杆上的螺母调整。②中心:用楔形塞规和外径千分尺测量(外径千分尺测塞规厚度)。但是有些工地,直接用内径千分尺测转轮体外圆到转轮室的距离。调整:每个叶片用两只钢制楔子板调整。③水平:用方形水平仪在转轮组合面对称测四点。调整;调整量少时用长吊杆上的螺母调整,调整量多时用短吊杆螺母(吊起转轮后)调整。

(4)渗漏试验。①试验管路配置。管路配置有三个目的:一是能操作活塞转动叶片,二是能增加和保持回油腔的油压,三是能循环虑油。②检查项目。各止漏装置,组合缝处渗漏情况;叶片转动灵活性。

三、主轴、操作油管和受油器安装

（一）主轴安装

ZZ 式水轮机主轴与 HL 式水轮机主轴不同之处：一是主轴内存在操作油管；二是主轴带转轮盖，或二者分开结构。

（1）主轴带转轮盖结构安装与 HL 式水轮机基本相同。

（2）主轴与转轮盖分开结构安装：①将转轮盖倒置在支架上，将清洗修磨好的螺栓杆插入转轮盖螺栓孔内试装。②试装合格后，用与螺栓帽孔同样大小的钢板，将螺帽孔封焊。③将转轮盖翻身，吊装在转轮体上，拧紧螺栓，待到下操作油管安装后进行主轴安装。④将主轴吊到转轮盖上，对于正各螺栓孔，就位，最后拧紧螺栓。

（二）操作油管安装

操作油管是控制转轮叶片开度的压力油管，由不同直径的无缝钢管组成。

（1）预组装、耐压试验：检查内外腔，组合面应该无渗漏现象。

（2）在水轮机主轴与转轮盖连接以前，将下操作油管与活塞杆连接，然后再进行主轴安装。

（3）中、上操作油管配合发电机同时进行安装。

（三）受油器安装

受油器的作用是：①将压力油送入转动的主轴。②反映叶片转动角度。受油器操作油管处在机组最上端，与受油器体的配合有上、中、下三个轴瓦。受油器操作油管不仅要随轴一起旋转，还要进行上、下移动，如安装不好，就会引起烧瓦。

安装过程中，要注意以下两点：①受油器操作油管的找正，其盘车摆度不得超过受油器轴瓦总间隙，不符合相关要求时，可采取刮削受油器操作油管与上操作油管间紫铜垫片来处理。②浮动瓦式受油器上、中、下轴瓦再径向可自行调整，对于受油器操作油管的摆度要求不高。

第 七 章　发电机安装及附属设备安装

第一节　发电机安装概述

水轮发电机是将水轮机旋转的机械能转换成电能的设备，是旋转电机中的三相同步发电机。

一、水轮发电机的分类、型号及结构

（一）水轮发电机、发电／电动机的分类

（1）按水轮发电机组轴的布置方式，分为立式与卧式电机。

（2）立式水轮发电机按推力轴承的位置不同，分为悬吊式与伞式两种，伞形发电机又分为全伞式和半伞式。

（3）按水轮发电机冷却方式的不同分为以下三种：

1）空气冷却发电机。又分为密闭式自循环空气冷却、管道式空气冷却、空调冷却；

2）水冷却发电机。使用纯水通人发电机定子及转子线圈进行冷却，称之为双水内冷发电机，只对定子线圈水冷的称为半水内冷发电机；

3）蒸发冷却发电机。在定子线圈的空心导体中通人冷却介质对定子线圈进行自循环蒸发冷却。

（4）按电机的运行工况分为发电机和发电、电动机，发电、电动机用于抽水蓄能电站。

（二）发电机的型号

发电机的型号由型式、容量、磁极个数和定子铁芯外径四部分组成。

（三）水轮发电机、发电／电动机的结构

水轮发电机结构设计中首先碰到的问题是总体布置形式的选择，总体布置形式有卧式和立式，通常小容量水轮发电机多采用卧式，而大中容量的水轮发电机则采用立式。

（1）立式发电机结构

推力轴承位于转子上部的发电机称为悬吊式发电机，推力轴承位于转子下部的发电机称为伞式发电机。无上导轴承的伞式发电机称为全伞式发电机，有上导轴承的伞式发电机

称为半伞式发电机。

20 世纪 60 年代以前，国内一般都认为伞式发电机的推力轴承位于转子下部，安装维护都不方便，或者担心其运行稳定性差，所以虽然伞式机组具有重量轻、起吊高度小等优点。但在我国早期制造的水轮发电机中却很少采用，特别是转速稍高的机组更是避免选用。然而随着单机容量的增大，机组尺寸和重量也不断增大，伞式（半伞式）结构的优点越来越显著。

采用伞式（半伞式）结构可以大大减轻上机架的重量，而且便于采用分段轴结构（即所谓"无轴"结构）。

立式水轮发电机通用的结构型式有：

1）三导悬式结构。机组具有推力轴承、发电机上导轴承、发电机下导轴承和水轮机导轴承（共 3 个导轴承）的悬式结构。

2）二导悬式结构。机组具有推力轴承、发电机上导轴承和水轮机导轴承（共 2 个导轴承）的悬式结构。

3）三导半伞式结构。机组具有发电机上导轴承、发电机下导轴承、推力轴承（或和下导轴承组合在 - 油槽中的推导轴承）和水轮机导轴承（共 3 个导轴承）的半伞式结构。

4）二导半伞式结构。机组具有上导轴承、推力轴承和水轮机导轴承（共 2 个导轴承）的半伞式结构。

5）二导全伞式结构。机组具有推力轴承、发电机下导轴承和水轮机导轴承（共 2 个导轴承）的全伞式结构。

（2）卧式发电机结构

卧式发电机的特征是容量小、转速高、外形尺寸小、结构紧凑，部件多从制造厂整体到货。因此机组在安装时组装工作较少，仅对大件进行必要的检查和测量后即可总装。

卧式发电机一般有二部导轴承，水轮机有一部导轴承，另有双向受力的推务轴承；但也有发电机和水轮机各部导轴承加推力轴承的二导结构卧式机组。

（3）发电 / 电动机的结构

一般均为立式发电机，故其结构与其他常规立式机组相同。对于可逆式发电、电动机，因为具有双向运行的特点，要求推力轴承及转子结构在正、反两个方向运行时，能够同样建立起可靠的楔形油膜及鼓风量。

二、安装流程

（一）悬式水轮发电机安装程序

（1）基础埋设。主要有下风洞盖板的基础件，下机架及定子基础垫板，制动器基础垫板，上机架千斤顶基础垫板等。以上基础件的预埋与混凝土浇筑配合进行。

（2）定子安装。在定子机坑内组装定子及下线，调整中心、高程、水平，安装空气冷却器等。为了减少与土建及水轮机安装的干扰，也可以在机坑外进行定子的组装及下线，待到下机架吊装后，将定子整体吊入找正。

（3）吊装下部风洞盖板。待水轮机大件吊入机坑后，吊装下部风洞盖板，按照水轮机主轴中心找正和固定。

（4）下机架安装。把已经组装成整体的下机架吊置在基础上，按座环中心或水轮机主轴中心找正并调高程及水平，浇筑基础混凝土。并且按照总装要求调整制动器顶部高程。

（5）转子安装。在安装间组装转子，将组装好的转子吊入定子，按水轮机主轴中心、高程、水平进行调整；检查发电机空气间隙，校核定子中心，浇筑定子基础混凝土。

（6）上机架安装。将已经组装好的上机架吊放于定子上，按发电机主轴调整中心、高程及水平并固定。上机架安装也可在转子吊装前将组装好的机架吊在定子上预装，以水轮机主轴中心为准找正机架中心和高程、水平，同定子机座一起钻、铰销打孔，然后将上机架吊出，待转子吊入定子后再吊入，按定位销孔位置将机架固定。

（7）推力轴承安装。吊装推力轴承座，调整镜板高程及水平，推力头安装，推力头与镜板连接，将转子落到推力轴承上，初步调整推力轴承受力，发电机单独盘车，调整发电机轴线，测量和调整法兰盘摆度。

（8）发电机主轴与水轮机主轴连接。

（9）机组整体盘车。测量和调整机组总轴线。

（10）推力轴承受力调整。

（11）转动部分的调整和固定。安装各导轴承瓦，按照水轮机迷宫环间隙调整并固定转子中心位置，确定各导轴瓦的间隙，检查转动部分与固定部分的各部间隙，安装推力轴承油冷却器及挡油板。

（12）附件及零部件的安装。集电环、梯子栏杆、上盖板、油水管路等的安装。

（13）全面清扫、喷漆、检查。

（14）轴承注油。

（15）启动试运转。

（二）伞式水轮发电机安装程序

伞式水轮发电机安装程序可参照悬式，但在吊装下机架后，应进行推力轴承安装。

（1）基础埋设。下风洞盖板基础预埋，下机架、定子和制动器等的基础预埋。

（2）定子安装（参考悬式）。

（3）下机架安装。吊装已组装的下机架，调整中心、高程及水平并固定；安装制动器及其管路；进行下挡风板及灭火水管的安装。

（4）推力轴承安装。主要包括调整镜板水平及高程；将带有推力头的主轴吊入推力轴承上；镜板与推力头连接，并调整中心。

（5）发电机主轴与水轮机主轴连接。

（6）转子安装。吊装转子与主轴连接，调整中心及高程；检查空气间隙；检查和调定子中心；定子基础二期混凝土浇筑。

（7）安装上机架（参考悬式）。

（8）机组整体盘车。测量和调整机组轴线。

（9）推力轴承受力调整。

（10）转动部分中心的调整及固定（参考悬式）。

（11）附件及零部件的安装（参考悬式）。

（12）全面清扫、喷漆、检查。

（13）轴承注油。

（14）启动试运转。

（三）卧式水轮发电机安装程序

（1）准备标高中心架、基础扳及地脚螺栓；

（2）安装底座；

（3）安装定子、轴承座；

（4）转子检查及轴瓦研刮；

（5）吊装转子；

（6）与水轮机连轴，轴线检查；

（7）安装附属装置；

（8）启动试运转。

第二节　定子装配、安装

由于受到运输条件的制约，当定子直径超过 4m 时就要进行分瓣运输。运往工地后再将分瓣定子组合成一个整体。

20 世纪 90 年代以来投产的大型水轮发电机基本上都采用定子现场整圆装配叠压工艺。定子现场整圆装配的关键工序是机座组合焊接、定位筋的定位分度、铁芯叠装和分段压紧技术。

近些年来随着机组容量和定子尺寸的增大，在其结构设计上也发生着较大的变化：

（1）采用刚度不大的浮动机座。即采用机座径向式基础销、滑动基础板支承、基础板斜向布置等结构，使机座及铁芯运行受热时能径向位移，为了防止因机座和铁芯的温差造成的膨胀不均而使铁芯产生有害变形和翘曲，在铁芯和定位筋之间留有一定的间隙，使铁芯能自由膨胀；采用柔性结构的定子机座，在铁芯受到热膨胀后机座能较自由地伸缩和减小铁芯

和机座的内应力;

（2）下齿压板采用大齿压板结构,防止铁芯在安装过程中和运行时变形;

（3）采用在铁芯轭部穿心螺杆的结构,并在穿心螺杆的螺帽下加碟形弹簧垫圈,可保证铁芯压紧质量,并可靠防掉落,穿心螺杆采取对地绝缘的措施;

（4）定子铁芯进行热压,将铁芯加温至运行时的温度状态,冷却后再次压紧,使运行后的定子铁芯不易产生松动。

一、机座组合焊接及定位筋安装

（一）机座组合与焊接

定子机座在安装间（或机坑）组合时用中心测圆架调整圆度和水平,机座焊接根据实际情况采用手工电弧焊或 CO_2 气体保护焊工艺。焊缝形式根据设计结构的不同分为对接焊缝和搭接焊缝两种。

焊缝为对接焊缝时,应该特别注意控制整体机座的径向收缩变形,有的电站定子组装时在组合缝间加钢垫片的方法控制机座的径向收缩变形,钢片的厚度根据机座的直径和机座的分瓣数确定,一般为 2~4mm。当单面焊缝完成后,再将钢垫片刨除。机座的焊接采用分段、对称焊接方法,来控制焊接变形。

焊缝为搭接焊缝时,收缩变形比对接焊缝小,般为 1~2mm。但为了防止出现过大的变形,仍应严格控制焊接方法和工艺。

在定子机座组合调整阶段及定位筋安装、铁芯叠装过程中,中心测圆架的调整精度是控制定子组装质量的关键工序,测圆架中心柱的垂直度应控制在 0.02mm/m 以内,测圆架基础应固定牢靠,测圆时应避免各种外因的影响。

（二）定位筋安装

目前,国内外厂家设计制造的定子,定位筋大部分在工地安装焊接。但也有部分电站的定子定位筋在制造厂内焊好,只是留合缝处的几根定位筋在工地再焊,定子机座组装后检查定位筋的变形并不大。除了个别定位筋外,定位筋的半径、间距、垂直度、表面扭斜等均能满足要求。

定位筋安装是定子组装过程中的关键环节,直接影响到铁芯叠片和圆度、半径控制的质量。在实际施工中,定位筋的安装有以下三种方法:

（1）先安装焊接定位筋,全部合格后再叠片;

（2）定位筋安装焊接与叠片交替进行;

（3）先叠片再焊接定位筋。

首先安装基准定位筋,对其绝对半径值、垂直度和表面扭斜都应严格要求。以基准定位筋为基准,再安装其他各条定位筋。由于大型水轮发电机定子定位筋数量较多,为减少定位筋在分度时的累积误差，在基准定位筋安装合格后，定位筋安装调整采用大等分法，等分数值的选择应使得等分后的大弦距在 3 ~ 5m 为宜。取值太大，影响测量精度，取值太小则失去大等分分度的意义。

最后一根大等分定位筋安装后，复查其与基准定位筋的弦距，并将弦距误差合理分摊到各大等分弦距中。用同样方法安装大等分区内的定位筋。

定位筋的焊接采用手工电弧焊或 CO_2 气体保护焊，由多名焊工在相同的位置同时对称施焊，保证了定位筋焊接后的尺寸控制指标和焊接质量符合技术要求。

二、铁芯叠装及压紧

定子铁芯叠装场地应做到防潮防尘，且保持较小的温差（包括时间上空间上），有条件时应有一个封闭的环境。

定子铁芯叠装的方法应按制造厂技术文件的要求进行。叠装的冲片应清洁、无损、平整、漆膜完好，厚薄均匀。在叠片过程中应该可靠地不断地按定位筋、槽样棒（及槽楔槽样棒）定位，并用整形棒整形。同时应严格控制铁芯的半径、圆度、高度、波浪度、垂直度等尺寸。并注意及时复核中心测圆架的调整精度。部分国外进口的大型定子用专门的填隙片调整铁芯的波浪度。

定子铁芯的压紧应均匀、有序、对称进行，为保证铁芯的紧度，铁芯应分次压紧，每段铁芯的压紧高度一般不宜大于 600mm。

定子铁芯冲片的压强或压紧螺栓的拧紧力矩，目前国内外尚无统一的标准。国内设计的定子，压紧时传递到冲片上的最终压强一般为 2.0 ~ 2.5MPa。国外几个制造厂家的标准也不统一，传递到铁芯冲片上的最终压强，一般为 1.1 ~ 1.6MPa。通常在一般情况下，传递到定子冲片上的压强随铁芯高度的增加而增加。此外，定子铁芯的压紧螺栓的拧紧力矩还取决于定子铁芯的结构，有穿心螺杆的定子铁芯，其压紧力矩取较小值，无穿心螺杆的铁芯取较大值。在保证定子机座硅钢片漆膜、通风沟不受损以及压紧螺栓强度许可的情况下，适当增加叠片的压强对提高定子铁芯的密实度是有利的。

为了防止由于机组长期运行的振动造成铁芯的松动，目前国内设计的大型发电机均对定子铁芯采用热态压紧和磁化试验后的再次压紧。

定子铁芯热态压紧的基本工艺，是采用均匀布置在定子下部和空气冷却器孔口的电加热器或其他加热设备对保温的铁芯加温到 80 ~ 90℃，保温 12h 以后，自然冷却到室温，再均匀地拧紧拉紧螺杆至要求的扭矩。定子铁芯的高度以铁芯热压后的高度为准，热压前的铁芯高度应比设计高度略高，一般取铁芯设计高度的 0.2% ~ 0.3%。

三、磁化试验

（一）磁化试验方式

定子磁化试验是利用专门缠绕在定子铁芯和机壳外的励磁线圈，通以交流电源，使得在铁芯内部产生接近饱和的交变磁通，使铁芯中绝缘薄弱的部分产生涡流，致使温度升高。

利用测温装置测出各部的温升。根据测温结果与标准要求相比较，来判断定子铁芯是否存在缺陷。

（二）磁化试验要求

磁化试验通电的磁感应强度按 1T 折算，持续通电时间 90min，应达到以下四个要求：

（1）铁芯最高温升不超过 25K，相互间最大温差不超过 15K，这是最重要的指标。

（2）铁芯与机座的温差应符合制造厂规定。如果铁芯与机座之间的温差超出制造厂要求值时，应立刻停止试验，由于铁芯和机座受热后的膨胀值不同，将使铁芯和机座承受的内应力增大。铁芯和机座可以承受多大的因温差造成的内应力，与定子的结构设计有关，所以铁芯与机座的允许温差应符合制造厂相关规定。

（3）单位铁损值应符合制造厂相关规定。但实践过程中多数定子铁芯有超过标准的现象，现场难以处理。同时磁化试验时铁芯温度的变化比铁损的变化快得多，单位铁损的控制相对于铁芯温度的控制来说，不显得特别重要，因此单位铁损仅作为参考要求。

（4）磁化试验时定子铁芯无异常振动和噪声及其他不正常情况。

四、定子吊装及调整

大部分大型定子都是在安装场或专用机坑拼装、焊接、叠压完成后将定子吊入机坑进行下线，这样可以避免起吊过程中定子的变形对线圈的不利影响。但少部分大机组和一些中小型机组在安装场下完线后将定子整体吊入机坑，此时必须要考虑到防止整体定子起吊时产生过大变形的问题，起吊设施的布置应使吊起的定子不承受额外的径向力和扭曲力。定子吊入机坑后，依据水轮机座环（或调整后的底环）中心为基准，调整定子铁芯的中心、水平、圆度以及高程，调整方法是使用千斤顶施顶，必要时用桥机助力。铁芯的中心用内径千分尺检测，高程和水平用水准仪配合铟钢尺检查。

一般在定子中心高程找正后即浇混凝土基础混凝土，也有的定子基础混凝土在转子吊入机坑、机组轴线盘车找正、空气间隙符合设计要求后进行浇筑回填。如用在线圈中通以电流的电动盘车的方式检查轴线时，定子基础混凝土宜在盘车前回填。

五、定子下线

（一）场地要求及准备工作

（1）场地要求：

1）装配场地应封闭，场内应清洁，布置整齐，且通风良好；

2）保持下线场地空气干燥，当现场相对湿度超过 80% 时，应加装去湿机驱潮，严禁嵌装场地遭受雨淋和厂房拱顶渗漏水的侵袭；

3）施工现场的昼夜温度均应在 5℃ 以上；

4）应铺设牢固安全的工作平台；

5）定子上方应设足够的固定照明，定子下部加装足够数量的作业行灯；

6）嵌装场地要配备足够的安全及消防设施，建立必要的警卫制度。

（2）准备工作：

1）设备及安装材料和工器具的清点、存放对到货的安装材料和工器具应仔细清点，其数量、型号、尺寸等应符合图纸要求，对化工材料还应检查其有效期，应保证使用过程中在有效期内。云母带应保存在冰柜内，其储存期的温度不高于 4℃。现场存放地点应干燥清洁，且分类保管。

2）工器具准备。应根据下线安装的工艺要求准备相应的工器具，例如制作单根线棒耐压箱、轻便的线棒嵌装后的耐压隔离装置、线棒中心线画线平台、用于线棒嵌装时斜边间隙调整的木楔、下部绝缘盒灌装升降机、绝缘材料存放手提篮、绑扎带牵引穿针和木锤（橡皮锤）等工器具。

3）施工平台搭设。依据机组实际结构在定子内部制作、安装宽度 600～800mm 的环形下线平台。平台内侧设置安全栏杆或悬挂安全网。当定子铁芯高于 2m 时，平台应能进行升降。

4）在下线工地附近（或周围）设线棒和其他材料堆放场地亦要求防水防尘。

5）设置有消防设施的能够存放油漆、溶剂等材料的化工库，要求通风良好，照明为防爆灯。

6）对到货的单根线棒进行外观检查和交流耐电压抽查。

2. 下线工艺

定子绕组安装无论是工作量还是工期约占定子组装工作的一半，同时大多定子绕组安装往往是在机坑内进行，工作条件比机座组焊和叠片都差。因此，必须要采取新技术以提高工效，保证质量，加快施工进度。

（1）使用下线机下线。使用下线机下线是大型定子下线的较好方法。用下线机嵌线，线棒入槽平稳，受力均匀，并使线棒和槽壁紧密接触，提高了下线质量，减轻了劳动强度。

（2）线棒嵌入技术。根据电机槽部防电晕的要求，发电机定子线棒与槽壁的间隙愈小愈好，且必须小于最易局部放电的危险间隙 0.2～0.5mm，但线棒制造工艺往往很难满足防电晕的最佳要求。为及时解决这个问题，传统的防电晕的方法是在嵌入线棒后，再在线棒与槽壁之间加插半导体垫片，使其间隙小于 0.3mm。

（3）槽楔下安装波形弹性垫条。这种波形弹性垫条的材料为环氧玻璃布波纹板，板厚约 1mm，波形垫条的波峰、波谷差较大，压缩后不致变形。打槽楔时，先在上层线棒绝缘表面放上至少一层保护垫条，再放一层波形弹性垫条，槽楔放在线槽的最外面，选择一种厚度合适的导垫板插在波形弹性垫条与槽楔之间，并将槽楔和垫条打紧，使波形弹性垫条达到要求的压缩值。槽楔下安装波形弹性垫条使线棒在槽内径向所受压力更趋均匀、合理，波形垫条的弹性不会因压紧时间长和温度变化而减弱或消失，因此槽楔不会松动。上下端部导垫板和槽楔加涂环氧树脂与铁芯固结，可避免长期运行中槽楔垫条出现上串或下滑现象。

（4）上端绝缘盒浇灌。定子线棒上端绝缘盒浇灌的特点是绝缘下口不需要密封堵漏。定子线棒上端绝缘盒形状与下端绝缘盒基本相同，大小尺寸一样，盒底是全封闭型。绝缘盒内的填充胶由树脂、固化剂和触变材料混合，并充分搅拌均匀成腻子状的填充胶，不需溶剂和加热，先把填充胶抹到线棒接头上，填满两块并头铜板的间隔及四周，抹好与线棒原绝缘的搭接长度；然后在绝缘盒内装人足量的填充胶后，倒套在线棒接头上压紧，使得绝缘盒内空隙填满；调整好绝缘盒的安装中心位置后，用清洁水擦净挤压到绝缘盒外面的填充胶，待其室温固化。倒套时绝缘盒内腻子状的填充胶不会流淌，固化后不收缩、不开裂，绝缘性能好。这种"压罐式"的罐盒技术操作简便，速度快，质量可靠，整齐、美观，达到了同下端绝缘盒浇灌的同样效果。下端头绝缘盒按上述工艺套上后，仍需临时支撑直至胶固化。

（5）线棒端部固定新工艺。定子线棒端部固定，是指定子线棒与支持环之间的绑扎固定，它要求牢固可靠，不松动，其工艺特点有以下两点：

1）绑扎形式。线棒支持环内圆面及线棒端部上下层之间均没有传统的连续敷放的水平横向垫条，下层线棒端部与支持环用圆柱形毛毡垫塞紧后绑扎，每个支持环绑一道。上层线棒端部与支持环不直接绑扎，用柱形毛毡垫实端部上下层之间的距离后，只将上层与下层线棒相互绑扎。上下端部在两个支持环之间的中间部位各绑扎一道，这种绑扎形式纹路稀疏，使端部间隙留下的空间较大，便于检查，更有利于通风、散热；

2）绑扎材料和工艺。传统绑扎是采用 0.3mm×25mm 定向玻璃丝带经脱蜡和环氧胶浸渍后晾半干状态下绑扎，绑扎后表面再刷环氧胶，线棒端部绑扎材料是一种无纬带玻璃丝纤维束。经过复合聚脂树脂胶浸渍后，在不晾干的状态下立即进行绑扎，各部位所垫的毛毡块也经树脂胶浸渍，采用"两两相绑法"绑扎线棒和支持环，每处共绑"双重六股四圈"。绑带拉紧后树脂被挤出附在玻璃丝束表面，不需要另外刷胶，绑后加温固化。树脂固化后，绑带表面光滑，并与线棒、支持环、毡垫相互联结成牢固的整体。这种绑扎工艺牢固可靠，不会因摩擦、振动或温度变化而出现松动，能够有效地防止发电机运行中的线棒下沉或窜动现象。

第三节　转子装配、安装

一、转子组装现场场地要求

（1）转子组装应在安装间进行，并应充分保证组装场地的湿度、温度和足够的照明，满足有关安装要求；

（2）转子现场组装设备应摆放整洁，应预留转子磁轭冲片摆放以及磁极摆放的空间以及人员走动空间；

（3）转子磁轭叠片时，应搭建牢固和安全的叠片平台及扶梯，以便于转子磁轭的叠装。

二、转子组装准备

（1）转子组装前，安装单位应根据图纸以及设备到货验收清单，按电站机组编号对该机组转子组装所需的各部件进行详细的全面清点，并及时提交属于该机组编号的设备到货缺件清单和现场丢失清单。

（2）根据工地的安装进度，在转子磁轭叠片前，应该首先利用有机溶剂对转子磁轭冲片分类逐一进行清洗，除去冲片表面油污、锈迹和毛刺，并用干净抹布将冲片表面清擦干净，并按（0.2kg）重量进行冲片分类。

（3）磁轭冲片重量分类完成后，应从每类磁轭冲片抽取 10 张冲片，用千分尺测量每张磁轭冲片的实际厚度，要求每张磁轭冲片测量点应不少于 12 点，且测量点沿每张冲片外边缘尽可能地均匀分布。并根据各类冲片的测量结果，计算出每类冲片的实际平均厚度。并将其每类冲片的测量结果进行记录。

（4）检测转子磁轭通风槽片上衬口环高度，要求衬口环之间的高度差不应大于 0.3mm，且所有导风带应低于衬口环，否则，应对其进行处理。

（5）根据图纸有关要求，参照每类磁轭冲片的实际平均厚度，确定转子磁轭叠装表；叠装时，应根据磁轭冲片重量分类，将单张重量大的磁轭冲片叠装在转子磁轭下端。

（6）全面清理转子装配所需的所有安装调整工具，并将其按转子部件组装的先后顺序进行编号、分类。

三、转子支架（中心体）热套

（一）主轴起吊（竖轴）准备

（1）主轴吊装前，应检查、处理发电机主轴支墩基础法兰以及各支墩基础板的表面，除去其表面上的局部高点、油污及毛刺等。

（2）清洗、检查发电机主轴，除去其轴下法兰面的局部高点、油污及毛刺等。

（3）清洗、检查发电机主轴与支墩基础法兰的把合螺栓。

（4）用精密水准仪检测发电机主轴支墩基础法兰的水平度不得大于 0.02mm/m，否则，应对其进行处理。

（5）将转子支架中心体支墩吊装就位，并初调其叠片支墩上每对楔子板顶面高程。

（6）分别检测主轴与支架（中心体）配合档尺寸并记录。

（二）竖主轴

（1）把吊主轴工具把合于主轴小头，主轴法兰头朝下，垂直起吊主轴于检修支墩上；

（2）检查发电机主轴下法兰面与其支墩基础法兰把合面间是否存在局部间隙，其局部间隙应用垫片进行填充处理，在完成后，用螺栓将主轴与其支墩基础法兰对称、均匀把紧。

（3）采用在 +X、+Y 方向上悬挂钢琴线的方法，测量发电机主轴垂直度，要求其垂直度不得大于 0.02mm/m，否则，应该对发电机主轴进行重新调整。

（三）转子支架（中心体）加热

（1）加热方式：通常采用电加热的方式，将加热带或加热板（管）均匀布置并固定于支架轮毂外壁，加热装置宜采用若干组并联的方式，升温速度控制在 15～20℃/h，并根据升温速度及保温温度要求作相应调整；

（2）加热所需功率与支架或轮毂尺寸大小及保温效果有关，应根据特定机组给定的工艺参数而定；

（3）保温措施建议采用焊保温箱或砌保温坑进行保温；

（4）加热温度：250～280℃；

（5）保温时间：5～8h。

（四）热套

1）转子支架加热温度及保温时间达工艺要求后，检测支架内孔，保证热套间隙达工艺要求。

2）迅速平稳起吊转子支架并热套于主轴上。

支架热套控制要点：

（1）转子支架轮毂的膨胀量，除了考虑过盈量以外，还应该加上套装工艺要求的间隙值，以及套人过程中轮毂降温引起的收缩值。过盈量以热套前检查实测的数值并参考图纸提供的数值计算,而套装工艺要求间隙值,一般取轴径的 1/1000,轮毂降温引起的收缩值,视轴径大小,在 0.5~1.0mm 之间选取。

(2)转子支架加热前应在起吊受力状态下调整其水平度,应尽量控制在 0.05mm/m 以内。加热时应用红外线测温仪监视转子支架加热温度,并控制温度使支架上、下膨胀均匀。加热后应仔细检查轮毂的膨胀量,其值须要满足本条的计算要求。

(3)支架热套后,主轴凸台处应先行冷却,冷却过程中,轮毂上下端温差一般不超过40℃,一般对于环境温差较小的热套现场,都是由转子支架自然冷却。

(4)对于在低温环境热套后的转子支架,应适当采取保温措施,(可采用保温箱或石棉布对热套后的转子支架进行保温)使转子支架匀速、缓慢冷却。

对于个别电站检修间高度无法满足支架热套高度要求的,可以按照如下方案进行热套:

(1)将支架置于机坑内的下机架上找平,为了利于支架加热时保温,根据支架的外径配制一工艺垫板,(垫板中心配制主轴热套时通的工艺孔)工艺垫板垫在支架与下机架之间;

(2)转子支架的加热及保温措施同上;

(3)采用插入法热套。热套时吊主轴法兰端垂直插入转子支架内孔,热套转子到位。采用该方案热套转子支架,水机主轴应热套后才能进行吊装。

四、支臂组合(小圆盘结构无此程序)

(1)支臂组装前,应对中心体作如下检查和调整

1)按图纸要求检查中心体各部分尺寸;

2)转子中心体应支撑牢靠,并调整中心体水平,其水平度不应大于 0.03mm/m(检测合缝挂钩处或轮毂端面)。

(2)支臂组合后进行检查,应符合如下要求:

1)组合缝间隙符合如下要求:组合面光洁无毛刺,合缝间隙用 0.05mm 塞尺检查,不能通过;允许有局部间隙,用 0.10mm 塞尺检查,深度不应超过组合面宽度的 1/3,总长不应超过周长的 20%;组合螺栓及销钉周围不应有间隙,组合缝处安装错牙一般不超过 0.10mm。

2)支臂下端各挂钩高程差:当支臂外缘直径小于 8m 时不应大于 1mm,支臂外缘直径为 8m 及以上时不应大于 1.5mm,必要时应对立筋挂钩进行补焊及打磨处理,来满足各立筋挂钩之间高程偏差。

3)支臂外缘圆度及垂直度,各键槽上、下端弦长,键槽深度的宽度,都应该符合图纸要求。

4)支臂键槽的切向倾斜度不应大于 0.25mm/m,最大不超过 0.5mm。

五、转子测圆架安装

（1）按要求安装转子测圆架。转子测圆架安装前后，都应该复查发电机主轴的垂直度。

（2）转子测圆架安装后，其转子测圆架支臂水平度应不大于 0.02mm/m，重复利用中心测圆架转臂的圆周上任意点的半径误差不得大于 0.02mm，旋转一周测头的上下跳动量不得大于 0.50mm。并记录结果。

（3）转子测圆架安装后，应将测圆架上所有组合螺栓锁牢，来防止使用过程中松动而影响测量结果。

（4）检查中心测圆架旋转臂轴向测杆长度，其旋转臂轴向测杆长度应能满足测量整个转子磁轭叠片的轴向高度的要求。

（5）在测圆架的使用过程中，应分阶段校核中心测圆架的准确性（叠片过程中，挂极后）。

六、转子磁轭叠装

（1）转子磁轭叠装准备：

1）修磨各磁钜键表面的毛刺，配对检查每对磁轭键。

2）复查发电机主轴垂直度，要求其垂直度不得大于 0.02mm/m。

3）将转子磁轭叠片支墩均匀布置到转子下磁轭压板下方，其位置不能影响穿入磁轭拉紧螺杆，并将楔子板沿径向安放到磁轭叠片支墩上。

4）按照图纸要求，将转子下磁轭压板吊放于转子支架立筋挂钩上，要求下磁轭压板上磁轭键槽形开口中心应正对于转子支架各立筋键槽中心。

5）均匀调整下磁轭压板与转子支架各立筋间的径向间隙，并测量下磁轭压板制动环把合面圆周波浪度应符合图纸要求，否则，应利用楔子板调整其水平。

6）在下磁轭压板上试叠一个节距的转子磁轭冲片。

7）调整下磁轭压板，要求下磁轭压板的拉紧螺杆孔与磁轭冲片拉紧螺杆孔同心，且转子支架各立筋键槽位置处的磁钜冲片槽形开口中心与其立筋键槽中心之间周向偏差，应能满足转子磁轭键的安装。

（2）转子磁钜叠装

1）根据磁轭冲片堆积配重表，按图纸规定的层间错位方式，先试叠 100mm 高度，利用转子测圆架检查、调整该段磁轭圆度，要求各半径与设计半径之差不超过设计空气气隙的 3.5%，然后再正式叠装；

2）磁轭冲片一般由磁轲键和销钉定位，定位销结构，依照图纸要求插入转子磁轭叠片圆柱销，无定位销结构。可均匀穿入 20% 以上的产品螺杆，一般穿入 1/3 产品螺杆即可。在这之中，每张磁轭冲片上插入螺杆数应不得少于 3 个。

3）继续进行转子磁轭叠片,当转子磁轭叠到某一预压_高度时,按要求进行转子磁轭预压。每次预压过程中,应用专用力矩扳手,按 50%、75%、100% 逐渐加大压紧力矩。

4）转子磁轭根据高度要求进行分段预压,其每次预压高度约为 800mm,其工具螺杆螺母的把合力矩按图纸及工艺要求执行,确保转子磁轭整体叠压系数不小于 0.99。

5）在整个磁轭叠装过程中,其磁钜冲片正反面应保持一致,并用铜棒随时对磁轭冲片进行整形,以保证磁轭冲片与转子支架立筋外圆的间隙均匀。并利用测圆架定期检查和调整转子的磁轭圆度,以免磁轭不圆或中心偏移,同时,转子测圆架使用过程中,应按标准定期进行校核。

6）每大段磁轭预压后,在磁轭内、外侧搭焊拉筋(部分机组)。

7）每大段磁钜预压前,应测量并调整转子磁轭圆度;每大段转子磁轭预压后,应对每大段磁轭预压后转子磁轭圆度进行测量。

8）利用上磁轭压板进行转子磁轭整体预压,预压完成后,用专用拉刀拉削磁轭拉紧螺杆孔,按图纸要求逐一换装上磁轭拉紧螺杆,并按力矩要求紧其螺母。

9）磁轭拉紧螺杆更换完成后,分上、下两个断面测量转子磁扼半径,要求每断面半径与设计半径之差不大于设计空气气隙的 3.5%,转子磁扼整体偏心值符合图纸要求;磁轲平均高度不得低于其设计高度;沿圆周方向高度与设计高度的偏差符合 GB/T 8564——2003 标准要求;同一纵面上高度偏差不大于 5mm;转子磁轭的叠压系数不小于 0.99。

10）按要求检查下磁轭压板与立筋挂钩间的间隙情况,允许个别立筋挂钩与下磁轭压板间存在局部间隙,但其间隙值应不大于 0.50mm。

11）根据磁轭高度,用不短于 lm 的平尺检查磁轭与磁极间的接触面,应平直且接触良好,对局部高点应进行打磨处理。

（3）转子磁轭冷打键

1）拆除磁轭叠片定位所用的磁轭键,根据冷打键和热打键对磁钜键长度的要求,核查磁轭键长度。

2）按照图纸要求安装转子磁钜键。在安装过程中,应在磁轭键的配合面上,抹上清洁的 MoS2 油脂,以减少在冷打键过程中的摩擦力。

3）在监测磁呃圆度情况下,用 181b 大锤将磁钜键对称地打紧;打紧过程中,应利用冷打磁轭键进一步调整磁轭圆度、垂直度以及转子磁轭偏心;冷打键时转子支臂与磁钜间在半径方向产生的相对位移应符合图纸要求;图纸无明确规定时,一般可以根据转子磁轭的残余变形的大小,挖掘其在半径方向的相对位移的平均值为 0.08～0.25mm。

4）打紧磁扼键后,复核各磁轭键上端长度,必须满足磁钜热打键要求。

5）冷态打紧转子磁轭键后,根据转子磁扼热打键及磁钜圆度调整要求,在相应位置的磁轭长键上划出磁轭热打键长度标记。

（4）转子磁轭热打键

1）转子磁钜加热,根据现场条件选用合适的加热方法加热磁扼。一般采用电加热器进行磁轭加热,采用电加器加热时,其电加热器应均匀地布置在转子磁轭通风沟处。

2)对转子磁钜加热时,应该采取良好的保温措施,通常采用隔热效果较好的石棉布进行保温,并采取措施利于磁轭与支臂之间形成温差。

3)在加热的过程中,应该注意控制磁轭的温升以及磁轭与转子支架之间的温差,并对转子磁轭及支架立筋间的温差进行定时检测,磁轭加热时间一般不得超过12h。

4)当转子磁扼及支架立筋间的温差达到要求后,应进行保温,并检测转子支架与磁轭之间的间隙。

5)当间隙符合要求后,即可停止加热,并按照转子磁轭热打键标记,对称均匀地打紧磁轭键。

6)热打键完成以后,在转子磁轭冷却过程中,应采取适当的保温措施,有效控制磁钜冷却速度,以免磁扼温度骤然降低而使转子支架变形,待到磁轭冷却到室温40℃以下时,方可揭开保温篷布。

7)转子磁扼冷却后,按图纸要求用扭矩扳手全面核查磁轭拉紧螺杆螺母的扭矩值,合格后,按相关要求将磁轭拉紧螺杆的把紧螺母分别点焊到上、下磁轭压板上。

8)按转子支架卡键槽的实际高度尺寸,配磨其对应的卡键并将其安装就位。

9)安装(卡键)锁定板,并按图纸要求焊接锁定板。

10)复查发电机主轴的垂直度,并全面检查转子磁轭圆度,记录转子磁轭圆度有关测量结果。

11)按磁轭装配图要求,割去磁钜键多余部分,并将磁轭键下端挡块焊牢。

(5)清扫转子支架制动环把合面,按制动环装配要求安装制动环(波浪度),并检查各制动闸板的把合间隙。制动环安装后,要求其外圆应紧靠转子支架止口,制动环的径向水平偏差在0.50mm以内,制动环表面波浪度小于1.0mm,按机组旋转方向检查制动环接缝,后一块不得凸出前一块,并检查各制动闸板的把合间隙。并记录测量结果。

(6)按图纸有关要求,进行转子磁扼装配中其余部件的安装。

(7)全面清扫转子磁扼,为转子磁极挂装作准备。

七、转子磁极挂装

(1)磁极挂装准备:

1)复查发电机主轴的垂直度,全面复查转子磁轭圆度、波浪度。

2)用专用磁极键槽拉刀拉铣转子磁极挂装用T尾槽。

3)用有机溶剂清洗转子磁极键表面防锈漆以及油污,除去磁极键表面的锈斑以及毛刺等,将转子磁极键配对,并检查每对磁极键配合面的接触情况。

4)开箱并全面清扫所有磁极,检查所有磁极表面。进行转子磁极配重,并且按照要求检查磁极直流电阻,要求磁极直流电阻值相互间差值不应大于磁极最小直流电阻值的2%,每个磁极的绝缘电阻不应低于 5MΩ。

5）按要求检查磁极交流阻抗，其交流阻抗相互之间应该无显著差别，否则应查明原因并予以处理。对每一个磁极进行交流耐压试验：整体到货的转子试验电压为额定励磁电压的 8 倍，且不低于 1200V；现场组装的转子，定额励磁电压 ≤500V 时为 10Uf，但不低于 1500V，定额励磁电压 ≥500V 时为 2Uf+4000V。记录测量结果，试验合格后方可挂装磁极。

6）以发电机主轴下法兰面为基准，按照图纸要求，并参考定子铁芯的实际平均中心高程，确定出转子磁扼上磁极挂装中心线高程。

7）按每个磁极铁芯的实际长度，确定每个磁极铁芯中心位置。

（2）转子磁极挂装：

1）转子磁极挂装前，应根据磁极铁芯实际长度和磁极铁芯中心高程，确定出每个磁极挡块的高程。

2）按转子装配图及有关要求，装焊其磁极挡块。在焊接时，应保证磁极挡块与鸽尾槽底部接触良好，且磁极挡块的位置应不妨碍转子磁极打键。

3）对称进行转子磁极挂装。两引出线磁极挂装位置要与转子引线的位置相对应。

4）按要求打紧磁极键。要求磁极键打紧后，其磁极键的下端部不得突出下磁轭压板下端面，否则应将其切除；检查磁极铁芯与磁轭之间的间隙，间隙应符合有关规范要求，否则应采取加垫浸有环氧室温固化胶的毛毡对其进行处理，或是采取对磁极托板进行垫包的方式进行处理。

5）打紧所有转子磁极键后，测量单个磁极线圈的交流阻抗值，其相互间不应有显著差别。试验所加电压不应大于额定励磁电压，并详细记录测量结果。

6）复查转子磁极的挂装高程。要求各磁极挂装高程偏差不应大于 1.5mm，对称方向上磁极挂装高程差不大于 1.5mm，并详细记录测量结果。

7）分上、下两个断面测量各转子磁极铁芯轴对称线位置处的半径，要求各测量半径与设计半径值之差不应大于空气气隙的 4%。

（3）磁极极间连接线安装：

1）全面清理磁极引线头接合面，除去其表面油污及毛刺等；

2）按照转子装配图中极间连线有关要求，安装磁极极间连接线，要求相邻两磁极极间连接线搭接长度符图，其搭接部位应平整应且位于两磁极极间中心位置；

3）按照图纸要求，锡焊或银焊磁极极间连接线搭接（或对接）部位，要求各连接线搭接（或对接）部位应填充饱满焊料；

4）按照图纸要求，配钻各磁极极间连接线搭接部位把合螺孔；

5）根据极间连接线的具体位置安装并调整把合螺柱，将其用螺母锁紧；

6）按照图纸要求，安装磁极极间连接线线夹。要求所有磁极极间连接线线夹都应该把紧并锁定牢固；

7）按照转子装配图要求，包扎极间连接线绝缘；

8)全面检查转子磁极极间连接线的安装,并记录检查结果。

(4)转子引线安装:

1)按图纸要求,预装转子引线及其线夹,要求其相邻引线间的相互搭接长度应满足图纸要求,且转子引线的长度应满足其与集电环引线接间的连接。

2)根据实际预装结果,以引线有孔端为样板配钻所有转子引线的无孔端把合孔,并将转子引线与其接头引焊。

3)把紧转子引线接头间的把合螺栓,用 0.05mm 塞尺检查引线接头间的接触面,塞入深度不得超过 5mm,合格后,锁紧所有转子引线接头把合螺栓。

4)按照图纸要求,将转子引线安装就位。再把紧线夹,确保其引线压紧。

5)根据图纸要求,焊接转子引线的支撑垫铁,并锁紧所有转子引线线夹把合螺母。焊接时,应注意保护极间连接线绝缘。

(5)测量整个转子磁极的直流电阻以及绝缘电阻。其中,转子绕组绝缘电阻测量值不应小于 5MΩ,否则应进行干燥。干燥后当转子绕组温度降至室温时,测量转子绕组绝缘电阻以及直流电阻值,按标准进行转子磁极整体交流耐压,并记录测量结果。

(6)全面检查整个转子引线装配,按要求对转子引线进行交流耐压试验,并记录检查结果。

(7)电气试验合格后,按转子装配图要求搭焊各磁极键,并割去其多余部分。

(8)转子装配完成后,可根据转子装配的实际情况进行预配重。并全面清扫整个转子,检查各个部件是否按要求装配并可靠固定,并按要求对转子喷 166 漆。在喷漆过程中,应对制动环表面进行良好的保护,并记录检查结果。

(9)根据转子装配图相关要求,安装转子风扇装配,按要求清理转子上、下风扇装配,检查风扇与座的把合螺栓是否锁定。注意,风扇座的所有把合螺栓均应严格锁定。

(10)按图纸及规范要求对转子进行喷漆处理。

八、转子安装

1. 转子吊入前准备工作

(1)转子吊装应具备的条件:

1)转子本体施工已经完毕,并经清扫;转子铁芯通风沟经仔细检查无杂物;线圈表面无脏物、油或水;检查每一个风叶的紧固情况,如若发现松动,必须重新紧固锁定;下机架及下盖板已吊入机坑就位,中心、水平均符合要求。

2)测量转子线圈直流电阻,并测量极间连接线的电压降(用直流压降法),以各接头相同长度的电压降作比较,其压降偏差不得大于 25%。

3)用 500V 或 1000V 兆欧表测量转子绝缘电阻,要求不得低于 0.5MΩ(干燥后),单个磁极和集电环的绝缘电阻值,一般不低于 5MΩ。

4）主轴法兰表面的防锈保护层和赃物已经清洗干净，法兰尺寸经测量检查符合图纸要求。

5）制动器及其管路附件均已安装、试验完毕。

6）水轮机主轴的垂直度和法兰中心已校核符合图纸要求；水轮机主轴法兰连接面已清洗、检查；转轮降低高度符合要求（转轮比设计高程降低的高度应大于发电机主轴法兰止口高度 3～5mm），以免吊入转子时，两轴相撞。

7）制动器支持高程已调整合适（是在制动器表面垫 10mm 胶木板，还是将锁紧螺母调高，要制动器到位后才清楚，对转子重量转移工作有关键影响）。并将四个制动器相互间顶面调整在同一平面，相对高差不得大于 0.5mm。

8）测量转子变形做好准备。在相邻两支臂键槽中间搭焊一根角钢，角钢中间装一块千分表，表头对准磁钜，转子起吊时用千分表测出两支臂间磁轭相对支臂键槽板的下沉值。在轮毂底部搭焊角钢，在角钢两端装设千分表，测出转子起吊时的支臂挠度和磁轭的伞形变形值。

9）吊下挡风板装于定子下端连接板上，并在下机架上装好挡风板支撑。

（2）超重设备检查：

1）各受力部分螺栓无松动；

2）各减速箱齿轮正常，箱内润滑油充足干净，机械润滑系统正常；

3）各轴承正常；

4）各制动闸间隙和制动力矩调整合适，各制动闸工作可靠；

5）轨道（包括基础）阻进器、行走机构等正常无异常现象；

6）超重用的钢丝绳完整无缺，钢绳固定可靠；

7）电气操作系统和各部分绝缘良好，限位开关和操作控制盘的动作正确。

（3）起吊转子的吊具检查：

起吊前，必须对起吊专用工具的焊缝及制造质量进行仔细检查，并且预装过吊具，保证吊具与轴头配合良好。

2. 转子吊入

（1）行车上应同时有机电两方面的维护人员，在制动闸、减速箱、卷筒、电器箱等附近设专业人员监护。行车电源需设专业人员监护。

（2）在安装间试吊转子。当吊离地面 100～150mm 时，先试升降几次。注意检查起重机构运行情况是否良好，同时用框式水平仪在轮毂加工面上检查转子的水平，不水平时，可用调整钢绳长度进行调整。然后测量转子变形（视情况）。

（3）试吊正常后，再将转子提升到 1m 左右。对转子下部进行全面检查，认真清洗和研磨主轴法兰端面，检查法兰螺孔、止口及边缘有无毛刺或凸起，如有则需消除。此外还需要检查转子磁轭的拉紧螺杆端部是否突出在闸板面外，螺母是否全部点焊等。确认一切合格后，升降到合适高度，将转子运往机坑。

（4）在将转子下落到制动器之前，先将转子吊至机坑上空与定子内孔初步对正然后才能徐徐下落。当转子将要进入定子时，再仔细找正转子。为避免转子与定子相撞，预先制作8根木板条（宽40~80mm，长2000mm，厚9mm），均匀分布在定、转子间隙内，每根木条都由一个人提着使其在靠近磁极中部的地方上下活动。在下落过程中发现卡住应立即报告，指挥行车朝相对方向移动转子，几次调整后，即可顺利下降。注意：转子快落到制动器时，防止主轴法兰止口相撞；转子找正以定子为基准，转子落在制动器上后四周空隙基本均匀即可卸吊具。

3. 转子找正

转子找正以定子为基准，并在转子重量转移到推力轴承上后进行。

（1）高程调整。首先落下制动器将转子重量转移到推力。瓦上测量。如不合适，需再次顶起制动器。然后升降推力瓦的支柱螺栓进行调整，反复1~2次即可调好。安装后的转子高程略低于定子铁芯中心线的平均高程，两者差值在定子铁芯有效长度为840mm×0.4%=3.36mm。

（2）中心调整。主要通过定、转子空气间隙来进行，先测量上下部分空气间隙，以判断中心偏差的方向。然后顶动导轴承瓦，使镜板滑动产生位移进行调整。注意，利用导轴瓦调整时瓦面应涂猪油或加石墨粉的凡士林。

第三节　推力轴承安装

一、推力轴承技术的发展

（一）提高推力轴承运行的可靠性

20世纪80年代至90年代是我国推力轴承研究和制造最活跃的年代。在我国大型水轮发电机中布置了不同型式的推力轴承，同时采取了各种措施来提高推力轴承运行的可靠性：改变推力轴承的结构型式；新型轴瓦的研制；改进水轮机水流、采取顶盖排水、改善机组的机械结构，从而有效减轻推力轴承负荷；采用推力轴承外循环冷却（包括油泵强迫循环式和镜板泵式）和改进油槽内的油流线路，以增强推力瓦冷却和润滑的效果来提高轴瓦承载能力；使用高压油顶起装置来保证机组在起动和停机过程中低速运行时的安全性等。

（二）推力轴承的结构型式多样化

推力轴承结构的多样化，保证了在不同型式的水轮发电机和发电、电动机上的使用。主要的型式是：

（1）刚性支柱螺钉支撑的不带托盘和带托盘的推力轴承，一般用于中小型结构。

（2）弹性油箱液压支撑推力轴承。弹性油箱又有三波纹和单波纹之分；同时又可以分为带支柱螺钉和不带支柱螺钉的弹性油箱支撑。

（3）小弹簧多支点支撑推力轴承。

（4）带多个小支柱（弹性销）的可调支柱螺钉支承。

（5）弹性梁双支点推力轴承。

（6）平衡块式推力轴承。支撑平衡块一般按上下两层布置，每层的平衡块数与推力瓦数相同。

（三）推力轴瓦的瓦面材料的改进

传统的巴氏合金材料的推力瓦，在设计制造中使用电子计算机和数学模型进行瓦的变形、压力场、温度场和油膜厚度计算，并用物理模型和在真机试验中校核，改进瓦的结构，使传统的巴氏合金推力瓦更加完善。目前，我国运行的水轮发电机中大部分仍然是巴氏合金推力瓦，从西方国家进口的推力瓦几乎全部是巴氏合金推力瓦。

近十余年来我国开始使用聚四氟乙烯弹性金属塑料瓦，这种推力瓦的瓦面变形容易控制，并具有良好的耐磨、抗裂性能、摩擦系数小、绝缘性能好、不需要刮瓦和不需要使用高压油顶起装置等优点。

二、推力轴承调整

推力轴承调整时大轴处于垂直位置，镜板的高程和水平符合相关要求，机组的转动部件处于中心位置。

（一）刚性支撑的推力轴承调整

（1）一般在推力轴承受力时，用测量轴瓦、支柱螺钉或轴瓦托盘变形或应力的方法检查受力，根据各块瓦受力的大小，相应地调整支柱螺钉的高低，变形或应力大的瓦降低支柱螺钉，变形或应力小的瓦升高支柱螺钉，反复多次检查和调整，使受力均匀。

（2）采用锤击套在支柱螺钉上的特制扳手，使支柱螺钉转动的方法调整刚性支撑的推力轴承。就在这时，在水轮机轴承处，用百分表监视大轴，锤击每块瓦时应使大轴都产生0.05～0.10mm位移，反复用相同锤击力锤击各块瓦的支柱螺钉，直至对锤击每块瓦的支柱螺钉时大轴的位移变化值的偏差（或每个支柱螺钉的转动角度偏差）符合要求。

（二）弹性油箱支撑的推力轴承

在靠近推力轴承的上、下两部导轴瓦抱紧的情况下，起落转子，转子落下并松开导轴瓦后检查各弹性油箱的压缩量。根据压缩量的偏差，调整支柱螺钉的高低，使压缩量的偏差达到要求。无支柱螺钉的弹性油箱支撑，可以用加垫的方法调整各块瓦的高低，最终使弹性油箱的压缩量偏差达到要求。

（三）小弹簧多支点支撑的推力轴承

小弹簧多支点支撑推力轴承一般不必对轴瓦的受力检查和调整，只需按制造厂要求进行正确安装。

（四）带多个小支柱的可调支柱螺钉支撑的推力轴承

当轴瓦受力不均匀时，支柱螺钉的受力也不同，其压缩量不一样。根据用电子位移传感器测量的支柱螺钉的压缩量，可精确调整各瓦的受力。

（五）弹性梁双支点推力轴承

在镜板吊至推力瓦上后，调整镜板水平不大于 0.02mm/m。

在各推力瓦出油边与镜板无间隙时，检查各块瓦进油边两角与镜板的间隙，依照各块瓦进油边两角与镜板的间隙的平均值之差，调整推力轴承底部的垫片，使各块瓦进油量在镜板的间隙的平均值之差符合要求。

（六）平衡块式推力轴承

在各块平衡块固定的情况下，起落转子，测量托瓦或上平衡块的变形或应力，根据各块瓦不同的变形和应力调整支柱螺钉，最终使各块瓦的变形和应力偏差符合要求。

发电 / 电动机的推力轴承的调整保证在镜板吊至推力瓦上后，水平偏差不大于 0.02mm/m 时，各瓦进出油边两角与镜板间隙平均值之差符合要求。

三、高压油顶起装置安装

高压油顶起装置的作用是在机组启动和停机过程中给推力轴承瓦面注入高压油，使得机组在低速运行时仍能建立较好的油膜，保证推力轴瓦安全运行。在机组开停机过程中，高压油系统能自动投入运行；当探测到机组发生恪动时，该系统也能自动启动；在吊转子时也可投入该装置转动转子，便于转子找正；在机组轴线找正时也可投入高压油便于盘车时转子的转动。

高压油顶起装置由两台高压油泵（互为备用）、电气控制装置、阀组及管路系统组成。清洁的透平油经油泵升压后通过高压管路、单向逆止阀送到各块推力瓦。

高压油顶起装置安装时应符合下列要求：

（1）系统油管路应清扫干净，用油泵向油系统连续打油，直至出油油质合格为止。按照设计要求作耐油压试验，一般为额定工作压力的 1.5 倍，历时 30min；

（2）溢流阀的开启压力应符合相关设计规定。各单向阀应在承受反向压力时作严密性耐油压试验，在 0.5 倍、0.75 倍、1.0 倍、1.25 倍及 1.5 倍反向工作压力下各停留 10min，都不得渗漏；

（3）在工作压力下，调整各瓦节流阀油量，使各瓦的油膜厚度相互差不大于 0.02mm。

第四节 机组轴线调整

一、机组的轴线

（一）轴线及对轴线的要求

轴线是轴的几何中心线。由于水轮发电机结构形式的不同，其轴线的组成也不一样，一般由发电机上段轴、发电机主轴，水轮机轴组成，大型伞式发电机转子大都采用空心无轴结构，因此转子中心体也都属于是机组轴线的组成部分。

如果镜板摩擦面与轴线绝对垂直，且各段轴线同心并无折弯，机组在旋转时，机组轴线与旋转中心线重合。但在实际运行过程中，由于制造加工误差和安装时的调整误差，机组的轴线与旋转中心线有一定的偏差。

机组轴线存在偏差，运行时就要产生摆度。轴线找正就是通过盘车的方式，用百分表或位移传感器等仪器测出有关部位的摆度值，经计算分析机组轴线产生摆度的原因、大小和方位，并通过处理使镜板和轴线的不垂直或连接处的轴线折弯和不同心得以纠正，使轴线摆度减小到允许的范围内。

（二）产生轴线摆度过大的原因及处理方式

（1）镜板摩擦面和主轴轴线不垂直：

1）若是镜板或推力头厚度不均匀造成的镜板摩擦面和主轴轴线不垂直，应该刮削推力头底部，中小型机组也可以在镜板与推力头之间加平整的经加工的金属斜垫的方式处理；

2）若是推力头与主轴配合松动造成镜板摩擦面和主轴不垂直，应在厂内制造时加强配合公差的监测，及时在制造厂内处理，在工地推力头套装前也应检查配合尺寸；

3）卡环松动或加工精度不够，应提高卡环精度或另行配制卡环，确保安装后卡环上、下接触面无间隙，但卡环处不得加垫。

（2）机组轴系部件连接时不同心。松开连接螺栓，根据盘车数据调整后再次连接，若因连接面止口限制不能有效调整同心时，应打磨处理止口。

（3）主轴弯曲。在工地很难处理，一般应进行返厂处理，并防止运输和储存过程中主轴变形。

（4）主轴连接法兰面与主轴不垂直。应刮削法兰面，中小型机组也可在法兰面之间加平整的经加工的金属斜垫的方式处理。

（5）机组轴系各部件的组合间隙超标。检查轴系各部件的组合间隙，如有缺陷，分析其原因，找出位置并进行相应的处理。

目前随着国内外水轮发电机的加工水平不断提高，先进的加工设备已在制造厂装备，工地安装的施工工艺也逐步完善，一般大中型电站的安装过程中（特别是伞式机组）。

二、轴线摆度的检查方式

用盘车的方法检查轴线是最常用的方法，根据机组设计结构的不同，机组的盘车方式可分为整体盘车和分体盘车。

整体盘车是指水轮机和发电机的主轴连接完成后进行的水轮发电机组的整体轴线的测量和找正，随着机组加工制造质量和安装水平的提高，一般都会采用这种方法；分体盘车是指水轮机和发电机在未连轴状态下，对水轮机和发电机分别进行轴线的测量和找正。当对发电机部分进行盘车时，水轮机主轴和发电机主轴不连接。只有推力头布置在水轮机轴上时才有可能对水轮机单独盘车，此时，转子不吊入机坑。

具体的盘车方式有机械盘车、电动盘车、人力盘车和专用的盘车工具盘车等。

（一）盘车准备及盘车

（1）在轴线方向上对称安装、抱紧上导轴承方向的4块导瓦，调整导瓦与轴领的间隙为0.03～0.05mm，导瓦和轴领表面均匀涂抹透平油。

（2）启动高压油顶起装置，在推力瓦与镜板之间形成油膜。

（3）在镜板、导轴承及法兰水导轴承处，按顺时针方向分成8等份并顺序编号，各部分的对应等分点须在同一垂直平面上。

（4）认真检查转动部分与固定部分的间隙内应无任何杂物，发电机空气间隙用白布条拉一圈。

（5）上导、镜板的轴向和径向以及发电机大轴下法兰各部位，按 +Y、+ X 方向各设置两块百分表作为各个部位测量摆度及相互校核用。

（6）在机坑的轴线方向设置两块百分表监测定子机座的变化情况。

（二）盘车结果的整理与分析

（1）根据百分表测量数据，计算各测量部位的轴颈摆度值、偏心值及在 X、Y 轴上的分量；根据空气间隙计算转子摆度以及定子偏心；对推力轴瓦的动态受力可以是：检查镜板是否水平，转动部分是否垂直。

（2）根据盘车结果绘制轴与轴线折弯图，分析轴线折弯状态，为进一步调整提供依据。

（3）通过曲线图求出最大摆度值及其方位。

（三）调整

按设计公差和轴线状态确定各部位的摆度是否需要调整。如果在轴线检查时发现某段轴线的折弯情况超过规范要求，则需要会同厂家代表、监理工程师进行协商，轴线处理一般采用研磨卡环的方法。

第五节 水轮发电机附属设备安装

一、励磁系统安装

（一）励磁系统

励磁系统是为同步发电机提供可调励磁电流装置的组合。它包括励磁电源（励磁变压器及整流器等）、自动电压调节器、手动控制单元、灭磁、保护、监控装置和仪表。

励磁系统经历了从旋转励磁到静止励磁的发展过程，随着微机和大功率可控硅技术的发展，现代水轮发电机励磁系统多采用自并激（励）微机控制静止可控硅励磁系统，旋转励磁机已逐渐被淘汰。

静止整流励磁系统，由于省去了励磁机这样一个响应时间较长，惯性较大的中间环节，有速度调节快的特点，因此得到迅速而广泛应用。静止可控硅整流励磁系统按其组成结构可分为自并励、直流侧并联自复励、直流侧串联自复励、交流侧并联自复励（电相加）、交流侧并联自复励（磁相加）、交流侧串联自复励、用于抽水蓄能机组的他励—自并励混合励磁、自并励—他励混合励磁、具有正负励磁的自并励等九类。

我国与电网连接的大中型水电机组的励磁方式，近年已普遍优先选用晶闸管静止整流自并励励磁系统。因为它的电压响应速度快，可以用 ms 级时延从最大正电压转变到最大负电压，满足大电网稳定运行的需要，而且结构简单、体积小、制造和布置方便。

（二）励磁系统的安装

（1）励磁系统安装场地的要求

励磁系统及装置的安装，应在室内建筑施工全部完成后进行。安装场地应保持清洁、干燥、通风。并检查设备的安装基础及埋件应符合施工设计要求。

（2）抽屉式结构的盘柜安装方法与要求

1）安装的盘、柜框架及盘面应无变形。抽屉推、拉操作应灵活轻便，无卡涩。

2）整流功率柜的备品抽屉及相互间抽屉应有互换性。

3）使用一次通风或密闭循环式空冷的整流功率柜、滤尘器不应堵塞。热交换器的冷却水路应通畅，并且不结露。

4）对接插式抽屉应检查动、静触头接触压力，应不小于产品的规定值。抽屉的防滑出机械锁定装置应可靠。

5）抽屉内的电气连接螺栓和印刷电路板的插接应紧密可靠，接触良好。

（3）磁场断路器的安装

1）传动机构、合闸线圈及锁扣机构的外部检查。分别在手动和电动两种操作方式下，检查传动与锁扣机构，其动作应符合产品标准。

2）接触导电部件的检查。检查灭弧触头和主触头动作顺序是否正确，主触头的接触应灵活无卡涩，常闭触头的开距应符合规定，合闸后主触头接触电阻和超程均应符合产品技术条件要求，灭弧栅对地距离符合要求。所有连接件必须紧固。

3）DM 型灭磁开关灭弧系统的检查。检查灭弧栅栅片数量、配置、形状、安装位置，分流电阻的连接及其电阻值，灭弧触头的开距等，均应符合产品的技术要求。

（4）可控硅的拆装、电缆敷设和配线

1）对螺栓型整流管或晶闸管应使用专用六角套筒扳手拆装，装配时不宜过紧。对于平板型整流管或晶闸管，只能与散热器同时拆下，不得将晶闸管的管芯与散热器分开拆卸。

2）晶闸管的控制极回路引线不得与其他引线共缆。

3）整流管或晶闸管散热器在相与相之间和相与地（外壳）之间的最小距离，应符合制造厂规定的设计。

4）更换串、并联的整流管或晶闸管时应进行选配。

（5）屏蔽电缆的敷设与配线

1）屏蔽电缆不得与高压或动力电缆敷设在一起。

2）屏蔽电缆应按设计要求可靠接地。

3）强、弱电回路应分开走线，避免强电干扰。配线应美观、整齐，每根芯线的标志必须明显、清楚，不易褪色和破损。

4）从励磁变与整流柜的各相并联电缆长度应保持完全一致，排列应符合制造厂要求。

（三）励磁系统的调试

（1）励磁系统各部件的绝缘测定；

（2）励磁系统各部件的介电强度试验；

（3）自动励磁调节器各基本单元的试验（适用于模拟式调节器）；

（4）自动励磁调节器各辅助单元的试验；

（5）自动励磁调节器总体静态特性试验；

（6）励磁系统功率单元的均流、均压检查；

（7）自动励磁调节器电压整定范围的测定；

（8）手动控制单元调节范围的测定；

（9）发电机电压调差率的测定；

（10）自动励磁调节器的发电机的电压—频率特性试验；

（11）起励和逆变灭磁试验；

（12）自动／手动切换试验；

（13）励磁系统顶值电压和电压响应时间的测定；

（14）10%阶跃试验；

（15）发电机无功负荷从空载到满载调节试验；

（16）发电机甩负荷试验方法；

（17）PSS试验。

二、其他附属设备安装

（一）制动系统

（1）制动系统的组成。发电机、发电、电动机的制动系统有机械制动、电气制动与联合制动三种方式。

1）机械制动系统。由低压供气管路、排气管路、制动器、机旁制动控制柜和油压顶转子部分组成，20世纪90年代以来，发电机制动系统又增加了一套粉尘收集装置。发电机的制动气源一般由电站的0.5～0.8MPa的低压空气，通过管路输送到机坑内的制动器上，当机组转速降到额定转速的15%～30%时，投入压缩空气，顶起制动器的制动块，使之与发电机转动部分的制动环接触，形成摩擦力制动，当机组全部停止后，在制动器活塞缸通入反向压缩空气（或利用弹簧的拉力），使活塞下移，制动器复位；当需要顶起发电机转子时，将制动器进气管切换到高压油泵上，利用高压油顶起转子。制动器的布置方式主要有两种，一种是布置在制动器基础支墩上，另一种是布置在下机架支臂上；转动部分制动环的布置方式也有两种方式，一种是布置在转子磁轭底部，另一种是布置在转子支架下部。机械制动对各类机组都可以使用，目前在国内外的大型机组的制动方式中，仍占据主导地位。

2）电气制动系统。电气制动的工作原理是在发电机出线端设置三相短路开关，当发电机从电力系统解列后，停机过程转速降至50%额定转速时。在无励磁状态下，将三相引出线短路，再利用外加直流电源向转子绕组供给励磁电流，使定子短路电流达额定值，利用定子绕组的电阻损耗（有时外接附加电阻）及减速过程中的机械损耗，（包括水轮机转轮在水中的磨阻损耗、转子风靡损耗及轴承损耗）来吸收转动能量。实际使用过程中，绝大部分采用混合制动，在电制动投入后，机组转速降至10%nr，并投入机械制动，加速停机。电气制动的具体方式有多种，如定子三相绕组直接短路方式、定子三相绕组外接附加电阻方式，定子绕组不对称短路方式等，对于可逆式发电/电功机组，如果采用静止变频装置（SFC）作为水泵工况的启动手段时，可采用变频器逆变方式对机组进行电制动。当出现机组电气事故时，电气制动被闭锁，仍用机械制动。电制动投入过程中同样应闭锁变压器差动等保护。

3）混合制动系统。由于机械制动和电气制动上存在差异，在采用一种制动方式不能满足机组的制动要求时，采用机械制动和电气制动两种制动方式组合的混合制动方式。例如在较高转速下（如50%的额定转速）先投入电制动，然后在低速状态（如10%额定转速）下，投入机械制动。混合制动进一步缩短了机组的停机时间，但增加了操作回路的复杂性。

（2）机械制动的安装

1）制动器安装：

①无论是布置在下机架支臂上，还是布置在机坑内混凝土基础板上的制动器，安装前均应对制动器基础板的高程、水平、分布半径、分度圆进行检查，应符合制造厂的技术文件或GB/T 8564——2003。

②制动器在安装前，如制造厂无特殊要求，应进行设备的分解清扫，并进行1.5倍工作压力的耐压试验，历时90min，压降不大于1%。同时用0.5～0.7MPa的压缩空气检查活塞上下动作的灵活性，撤压后活塞应能自动下落。

③制动器在安装时，应对其顶面高程、水平及分布半径进行严格控制，其中制动器安装高程的确定，应综合考虑水轮机座环、定子，下机架、转子磁轭或支架等部件的实际安装误差，轴系部件的实际加工尺寸及机组转动部分在运行时的下沉值等因素，来确保制动器闸板顶面与转子制动环的间距符合要求。

④制动器顶起后，顶起压力撤除后，活塞应能自动复位。

⑤目前，电站顶转子所用的高压油泵均为移动式，只有在机组进行检修时连接到制动器管路上，才可进行顶转子作业。

⑥目前在各大中型电站的设计中，机组的制动柜均为制造厂整体供货，在安装现场只需和系统管路连接，并冲洗，最终在机电联调时对动作值进行整定。

2）管路及附件安装。由于制动器供气管路同时也是顶转子的高压油管路，因此制动系统管路及附件的安装应按照高压油系统管路安装的一般规定。管路的焊接一般采用蚕弧焊打底、手工焊盖面的方法。全部安装完毕后，应拆除酸洗并清理干净后回装。制动器及其管路系统安装完毕后，应对整个系统进行耐压及密封试验，当制造厂无任何规定时，耐压值同单个制动器的耐压值。

（二）灭火系统

（1）灭火系统的组成。发电机灭火有水喷雾灭火和CO灭火等方式。

1）水喷雾灭火。水喷雾系统由灭火环管、喷头，温度探测器、烟雾探测器、消防电气操作柜、连接到消防水源的消防管路及附件组成。灭火水源一般从电站技术供水系统调压后经管路引至机坑外，经消防柜控制阀，再连接到消防环管上和专门的消防水池或消防水泵提供的水源，消防用水的压力一般为0.8MPa。定子灭火环管布置在定子绕组的上下两端；转子灭火环管布置在转子支架空气进口上下部，使水雾直接进入进气孔，沿空气循环途径经过转子绕组、定子绕组和定子铁芯。灭火环管一般由不锈钢或紫铜管制作，或其他能防锈蚀的管材。喷头布置能使水喷雾覆盖定子绕组部分，喷头由耐热材料制作，如蒙乃尔合金。温度探测器和烟雾探测器布置在发电机机坑内的相关位置，数量一般由机组容量和发电机外形尺寸决定。消防机械操作柜安装在发电机机坑外总消防供水管上。消防电气操作柜布置在发电机机坑外侧。

2）CO_2 灭火。采用 CO_2 时，需配置专门的 CO_2 发生装置，国外很多电站已经采用，国内生产的部分出口机组也按国外厂商的要求配置 CO_2 灭火系统。

（2）水喷雾灭火系统的安装。水灭火管路在正式安装前应在安装场或厂房外合适的地方进行预装，并进行通水试验，来检查管路及喷嘴的畅通，水喷雾的形成及喷射距离、角度等，可对单个喷头进行试验。机组内的灭火环管安装位置应正确，与定子线圈的距离及喷嘴方向符合要求，管路固定牢靠。安装后应对系统进行通气试验，检查整个系统的畅通性。系统进行通水试验时，应将机组内部的管路隔离。

（三）自动化监测元件安装

发电机测温元件众多，对定子、轴承、油槽、风温、冷却水等处进行温度监测。机组的自动化监测设备也随着机组自动化程度的提高而越来越多，目前在大型发电机上经常配置的监测设备有气隙监测、振动摆度监测、局放监测等。另外还有油槽液位元件、压力元件、流量元件、油混水检测元件等。

（1）测温装置的绝缘电阻，一般不小于 $0.5M\Omega$。有绝缘要求的轴承，在每个测温元件安装后，用 250V 兆欧表检查绝缘电阻不小于 $50M\Omega$。

（2）定子线圈测温装置的端子板，如有放电间隙，其间隙一般为 $0.3\sim0.5mm$。

（3）轴承油槽密封前，应检查各电阻温度计的电阻值相互差不大于 1.5%，对地绝缘良好，信号温度计指示应接近当时轴瓦温度，测温引线固定牢靠。

（4）温度计元件和测温开关盘柜上的标号，应与瓦号，冷却器号，线圈槽号一致。

（5）其他自动化元件因品种多，难以全面叙述，按产品说明书及设计图安装和调试。

第 八 章 电气设备安装

第一节 发电机电压配电设备安装

一、准备工作

（一）技术准备

（1）参加监理单位组织的土建现场验收工作，按设计图纸检查各种预留孔、预埋件的尺寸和位置符合设计要求；

（2）组织所有施工人员熟悉图纸和安装说明书，进行技术交底；

（3）根据设计图纸及设备出厂技术文件，编制详细的施工措施，在工程开工前报监理审批。

（二）现场准备

（1）设备安装场地土建施工结束，设备安装条件具备；

（2）检查疏通预埋管路、理件等位置准确，符合设计要求；

（3）布置好施工用临时电源及临时照明、消防等设施；

（4）清理安装现场，满足设备安装要求；

（5）施工前根据施工图纸要求进行测量放点，并在适当位置作好记号以便安装复核。

（三）材料准备

（1）根据施工情况，提前准备施工用工器具及所需材料。

（2）会同监理、发包人代表及厂家代表一起对到货设备进行开箱验收，检查设备外观是否保存完好；检查设备内部元、部件，备品备件及资料是否齐全；型号、规格、数量与设计及订货要求是否相符；设备是否符合订货合同中规定的要求和技术标准；收集保存好设备的出厂检验记录和合格证书。开箱检查中发现问题及时通知监理人。验收合格后，由监理人签字认可。

二、励磁变压器

（1）变压器运输就位后，根据测量点位，调整好变压器中心位置，并调整变压器水平度和垂直度达到规范要求，然后将变压器基座与基础槽钢焊接牢固；

（2）安装变压器的防护外罩，防护罩的中心与变压器的中心重合，且防护外罩安装垂直，固定牢固；

（3）安装变压器测温保护装置、带电显示器等附件；

（4）按照有关标准及制造厂的技术要求进行现场试验；

（5）变压器安装完毕带电前，应进行全面检查，清除设备积灰及周围其他遗留物。

三、接地变压器

（1）按照图纸检查埋设基础。

（2）对接地变压器柜内部件进行清扫、调整、电气试验。

（3）进行接地开关的调整，操作应灵活。设备固定可靠，外观完整，电器连接牢固。

（4）设备外壳及接地变接地端与地网连接可靠。

（5）发电机中性点设备安装时，首先对 CT 进行清扫、检查（包括其外观检查、绝缘电阻、极性变化及其他电气试验检查），并做好记录，然后根据图纸进行 CT 的安装。中性点母线的焊接工作由负责主封闭母线施工的焊工承担，质量按母线施工要求进行。

四、发电机断路器及电压互感器设备

（一）发电机断路器成套装置安装

（1）根据测量放点安装发电机断路器基础，调整基础埋件其不平度（1mm/m），不直度（1mm/m），位置误差（5mm）。

（2 调整断路器三相相间中心距离的误差不应大于 5mm。

（3）安装时根据制造厂技术规范，进行断路器就位调整，其水平度、垂直度必须符合厂家的要求和国家规范标准。调整后与基础固定牢固。

（4）接线端子的接触表面应平整、清洁、无氧化膜；镀银部分不得挫磨；软连接部分不得有折损、表面凹陷及锈蚀的现象。

（5）断路器安装完成并检查合格后，进行断路器的操作与调整，断路器操作与调整时应先手动操作，后电动操作。

（6）断路器就位、调整完成后，油漆应完整，相色标志正确，接地良好。

（7）按设计要求进行柜内二次电缆配线。

（8）在厂家技术人员指导下进行断路器的各项检查试验及调试项目。

（二）电压互感器及避雷器柜安装

（1）按照厂家安装说明书和《电气装置安装工程电力变压器、油浸电抗器、互感器施工及验收规范》（GB 50148—2010）,《电气装置安装工程接地装置施工及验收规范》（GB 50169—2016）,《电气装置安装工程盘、柜及二次回路接线施工及验收规范》（GB 50171—2012）等施工规范的规定进行。

（2）基础埋件位置正确、平整，不平度小于 1mm/m，不直度 1mm/m，位置误差小于等于 5mm。

（3）与封闭母线的连接不应使母线及外壳受到机械应力。

（4）互感器的变比分接头位置和极性应正确。

（5）二次接线端子应连接牢固，绝缘良好，标志清晰。

（6）接地可靠、良好。应保证工作接地点有两根与主接地网不同地点连接的接地引下线。

五、母线装置

（一）共箱母线安装

（1）母线支吊架、设备基础安装。按照施工图纸的要求，根据已放好的桩号、高程确定每个支吊架、设备基础的安装位置并做好记号。由专业焊工进行母线支吊架等的焊接工作。待母线支吊、设备基础安装完成后，由测量人员进行复测，其偏差应符合设计要求。

（2）母线、设备等就位

1）根据母线、设备的现场运输和吊装方案，将母线、设备安装就位。母线运输到位后，首先要进行的是母线的矫正工作，运输途中出现的外壳凹陷等缺陷，都要在安装前处理完毕，处理时要用橡皮锤敲打。

2）母线吊装后拆除临时支撑，安装母线筒内对应的电流互感器，固定牢固可靠，方向正确。

3）高压开关柜、励磁变压器的就位应在其基础安装验收合格，二期混凝土回填后进行。

4）设备安装前的试验。母线在吊装前进行分段绝缘测试，测试前母线箱、支持绝缘子应清扫。电流互感器等设备也要在就位前进行有关试验。

（3）母线、设备就位后的调整

1）母线吊装采用安装现场预埋吊钩或基础板焊吊耳的方式，用倒链起吊至安装高程，利用母线支吊架和脚手架固定母线，防止母线窜动。

2）母线的调整工作首先需要调整好与发电机引出线的中心及高程，然后以此为基准，向主变方向安装。

3）每节共箱母线就位后，先对其进行粗调，要将所有母线全部就位完毕且经过细调使母线各断口以及母线与主变压器、发电机出口的断口距离均符合设计要求后,方可进行共箱母线法兰螺接工作。

4)调整共箱母线水平度小于 1mm/m,全长水平度小于 5mm;垂直度小于 1mm/m,全长水平度小于 2mm。

5)母线导体与各设备端子间的连接采用可拆的铜编织线伸缩节螺栓连接方式,其纵向尺寸误差应不超过 +5mm～-10mm。外壳与设备端子罩法兰间的连接,纵向尺寸不超过 ±10mm。

6)调整母线时,保证各接口的距离偏差符合要求的前提下,不使其中一个或几个接口的相对距离偏差过大,要将偏差均匀分配在各断口上。

7)活动断口导体连接。各导体断口调整结束后,用铜编扳手紧固。发电机断口、主变断口及各配电设备之间的连线暂不连接,等待母线工频耐压试验后连接。

8)按制造厂要求在共箱母线箱内安装缆式加热器。

9)共箱母线安装调整结束,按制造厂要求在共箱母线箱外侧焊接定位挡块。

10)共箱母线及开关柜等设备外壳应按设计要求进行接地。

(二)离相式封闭母线安装

(1)封闭母线安装

1)设备基础、支吊架安装。按设计图纸的要求,安装基础构架,先将基础构架点焊在其埋件上,然后由测量人员进行复测,保证基础构架的中心线、水平、垂直度等符合设计要求。

2)母线吊装、调整

①离相式封闭母线吊装方法与共箱母线吊装方法大致相同;

②调整母线导体与外壳的同心度,同心度偏差不超过 ±5mm;

③母线各断口尺寸调整好,并经中间检查验收合格后,将母线固定牢靠;

④按图纸进行母线段与段之间的导体和外壳的焊接连接、母线与设备之间的连接。

3)母线焊接

①封闭母线断口外壳及导体焊接采用惰性气体保护焊,按照厂家的技术文件及国家和行业标准的工艺要求进行;

②焊缝外观检查,焊接截面不小于被焊截面的 1.25 倍,焊缝表面无裂纹、凹陷、缺肉、未焊透、气孔、夹渣等缺陷;

③母线焊接完毕后,按相关规范要求进行无损探伤检查,应符合要求。

4)封闭母线与相关设备的连接

①封闭母线整体耐压试验及设备相关试验结束后,进行母线与设备的连接。

②封闭母线与各设备导体之间通过铜编织线连接,注意连接前应先将外壳橡胶伸缩套套人母线导体上,并塞入一侧的外壳内。

③母线导体与设备端子接触面应用清洁棉布蘸上无水乙醇清洗干净,接触面涂敷一层

电力复合脂。

④连接时注意连接螺栓应为不锈钢螺栓,螺栓紧固时用力矩扳手紧固,紧固时应对称均匀拧紧,紧固力矩按制造厂技术资料要求。螺接紧固后用0.05mm的塞尺检查,其塞入深度不大于4mm。

⑤导体连接过程中应格外小心,防止破坏导体表面镀银层,施工人员须佩戴清洁的手套。

⑥导体连接完成后,清除母线内部遗留的工具,杂物,再将塞进外壳内的橡胶伸缩套拉出,利用压圈将伸缩套两端分别压紧。

5)穿墙板安装

①母线就位前,将封闭母线穿墙处的框架点焊于预埋件上;

②母线就位并调整完毕后,调整好穿墙板、框架的位置,固定牢靠。

6)短路板安装

①在母线安装调试完成后,安装短路板;

短路板调整好后,与母线外壳焊接在一起,焊接应满足制造厂的技术要求;

③按要求连接接地线。

7)清扫检查,涂漆

①母线安装完后,将母线外壳内、外彻底地进行检查、清扫,壳内清洗用无水乙醇,施工人员应穿清洁专用的工作服,清洗时,应注意开窗通风;

②清扫结束后,将母线外壳重新喷漆,要求均匀美观。

(三)全绝缘铜母线安装

(1)全绝缘铜母线安装

1)初装

①按照厂家及设计安装图纸,依照已确定好的母线中心及高程,安装母线支架。全长水平度小于等于5mm,垂直度小于1mm/m。支架应按设计要求,焊接牢靠并可靠接地。

②安装母线卡子,并固定母线。完成母线直线段部分的安装。

2)二次安装

①对剩余部分(母线转弯部分、母线同其他电气设备的接口部分和母线因热胀冷缩、检修设置断开部分的母线)进行二次测量,应经过现场实测,在获取母线长度、角度和转弯半径等参数后,由供货厂家进行定制加工,并对不同位置的母线的转弯部分分别进行编号处理。

②按照设计图纸将上述部分的母线供货至现场对号安装。

3)接口安装:

①接口对接安装工作是母线现场安装最重要的环节之一。

②根据母线额定电压值、额定电流值等参数和厂家的安装技术指导书采用外接式进行安装。不锈钢管与两段铜管之间应通过专用工具进行可靠压紧,避免出现局部发热、放电、破坏绝缘等现象。

③铜母线外接式接口安装完成后,包裹绝缘介质层和屏蔽层。应满足母线绝缘要求。

4)为防止母线热胀冷缩,并方便检修维护,按图纸要求安装软连接。

5)母线全长各段和相应的安装附件等都应可靠接地。

七、现场试验

（一）共箱母线现场试验

（1）户外部分淋水试验。

（2）绝缘电阻测量。待母线导体和外壳外观检查合格后,还需用 2500V 兆欧表测量每相导体和外壳之间的绝缘电阻,其值不小于 100MΩ。

（3）工频耐压试验。当母线安装完毕后, 根据国标要求, 对其进行 1min 工频耐压试验,试验时记录试验前后的绝缘电阻值,并对试验人员、设备,时间做好详细的记录。

（二）封闭母线试验内容及标准

现场试验按照制造厂技术文件的要求和《金属封闭母线》(GB/T8349—2000)、《电气装置安装工程电气设备交接试验标准》(GB 50150—2016)规定进行但不少于以下项目:

（1）户外部分进行淋水试验;

（2）测量绝缘电阻;

（3）工频交流耐压试验;

（4）离相封闭母线焊缝探伤。

（三）全绝缘铜母线现场试验

（1）绝缘电阻测量;

（2）工频耐压试验。

（四）发电机出口断路器试验检查内容

（1）测量每相导体对地以及断口间的绝缘电阻;

（2）测量每相导电回路的电阻;

（3）主回路的耐压试验;

（4）断路器电容器的试验;

（5）测量断路器的分、合闸时间;

（6）测量断路器的分、合闸速度;

（7）测量断路器主、辅触头分、合闸的同期性以及配合时间;

（8）测量断路器分、合闸线圈绝缘电阻及直流电阻;

（9）断路器操动机构的试验;

（10）CT,PT 试验;

（11）测量断路器绝缘介质气体的微量水含量;

（12）发电机出口断路器 SF6 气体检测及设备密封性试验；

（13）气体密度继电器、压力表和压力动作阀的试验。

（五）励磁变压器试验内容

（1）线圈直流电阻测量；

（2）测量所有分接头的电压比；

（3）测量变压器的三相接线组别和单相变压器引出线的极性；

（4）测量线圈的绝缘电阻、吸收比或极化指数；

（5）线圈的交流耐压试验；

（6）测量与铁芯绝缘的各紧固件及铁芯接地引出线对外壳的绝缘电阻；

（7）相序检查；

（8）控制保护设备调试和试验；

（9）在正式投运前进行五次空载投运并观察其运行情况；

（10）制造厂家安装说明书规定的其他试验项目。

（六）电流互感器试验内容

（1）测量绕组的绝缘电阻；

（2）互感器绕组的交流耐压试验；

（3）测量电流互感器的励磁特性曲线；

（4）检查互感器的极性；

（5）检查互感器的变比。

（七）电压互感器试验内容

（1）测量绕组的绝缘电阻；

（2）绕组的交流耐压试验；

（3）测量一次绕组的直流电阻；

（4）测量空载电流和励磁特性；

（5）检查互感器的极性；

（6）检查互感器的变比；

（7）测量铁芯夹紧螺栓的绝缘电阻。

（八）避雷器试验内容

（1）测量每节避雷器绝缘电阻以及避雷器底座绝缘电阻；

（2）测量电导或泄漏电流；

（3）最大工作电压持续电流试验；

（4）工频（直流）参考电压试验；

（5）放电计数器动作试验；

（6）制造厂家安装说明书规定的其他试验项目。

（九）发电机中性点接地变压器试验

（1）测量绕组的直流电阻；

（2）检查接地变的变压比；

（3）测试绕组的绝缘电阻值；

（4）绕组的交流耐压试验；

（5）检查并联电阻阻值。

第二节　厂用电设备安装

一、基础型钢安装

（1）将型钢调直，按设计图纸切割下料，按要求除锈；

（2）测量人员根据设计图纸进行放点；

（3）根据测量放点正确安装调平，不直度、水平度、不平行度符合通用技术条款；

（4）基础槽钢与埋件采用焊接，焊接牢固可靠，采用两点接地，接地完善；

（5）基础安装合格后，通知土建二期进行混凝土回填。

二、低压开关柜

（1）盘柜就位后调整盘柜，盘柜安装的垂直度、水平偏差、盘面偏差、柜间接缝等质量指标应符合规范要求。对于和基础采用焊接连接的盘柜，即可进行焊接；对于采用螺栓连接的盘柜，则将盘柜底部螺栓孔位置画在基础型钢上，将盘柜移开，在所画位置钻孔、攻丝，再将盘柜就位，安装连接螺栓固定。

（2）柜内设备，精密插件等应在盘柜的屏蔽保护完善之后、调试之前安装，以防损坏。

三、密集型母线

（1）为了确保密集型母线槽不被污染，因此密集型母线槽各功能单元的连接部件及活动接头上的铜排表面必须清理干净，外壳内和绝缘子安装前都要擦拭干净且不得有遗留物；

（2）楼板及墙体的预留洞、预埋件应按设计要求的位置预埋预留，相间支撑板应安装牢固，分段绝缘的外壳应做好绝缘措施；

（3）密集型母线槽外壳各连接部位的扭距螺栓需要用力距扳手紧固，保证各接触面封闭良好；

（4）安装密集型母线槽时，它的整体结构应横平竖直，垂直敷设时距地面 1.8m 以上，水平符距地面的高度不得小于 2.2m，母线的拐弯处以及与插接箱的连接处应加支架；

（5）当母线的终端盒，始端盒悬空时，采用支架固定，墙体、顶板上的支架用两条膨胀螺栓固定，膨胀螺栓应加平光垫片和弹簧垫片，母线垂直通过顶板敷设时，应在通过的底板上采用槽钢支撑固定。当封闭式母线跨越建筑物的伸缩缝或沉降缝时，采用适应建筑物结构移动的措施，防止母线连接处水平移动造成断裂，影响母线的正常供配电。

四、干式变压器

（1）变压器在装卸和运输过程中，应避免冲击和振动。

（2）变压器到货后按有关标准要求进行检查验收，并妥善保管。

（3）设备开箱就位前，变压器室土建施工已结束，场地需清理干净。基础槽钢已经验收合格，二期混凝土已回填并达到强度。

（4）变压器就位后，消除各部位尺寸误差，满足标准要求。

（5）按厂家技术要求安装温控装置等附件。

（6）按要求安装接地装置。

（7）变压器安装完毕带电前，应进行全面检查，清除设备积灰及周围其他遗留物。

五、电缆敷设

（1）电缆敷设以人力为主，必要时电缆托轮和卷扬机、吊车等机械工具为辅助；

（2）动力电缆和控制电缆分层敷设于各层布置的电缆桥架上，动力电缆应在控制电缆的上面；

（3）电缆敷设完后应在电缆的首端、尾端、转弯及每隔 50m 处，设有编号、型号及起止点等挂标识牌。备用芯注明备用标识。

六、现场试验

（一）干式变压器试验项目

（1）线圈直流电阻测量；

（2）测量所有分接头的电压比；

（3）测量变压器的三相接线组别和单相变压器引出线的极性；

（4）测量线圈的绝缘电阻、吸收比或极化指数；

（5）线圈的交流耐压试验；

（6）测量与铁芯绝缘的各紧固件及铁芯接地引出线对外壳的绝缘电阻；

（7）相序检查；

（8）控制保护设备调试和试验；

（9）在正式投运前进行 5 次空载投运观察运行情况；

（10）制造厂安装说明书规定的其他试验项目。

（二）低压开关柜试验项目

（1）测量低压电器连同所连接电缆及二次回路的绝缘电阻；

（2）电压线圈动作值校验；

（3）低压电器动作情况检查；

（4）低压电器采用的脱扣器的整定；

（5）测量电阻器和变阻器的直流电阻；

（6）低压电器连同所连接电缆及二次回路的交流耐压试验；

（7）备自投调试；

（8）CT 的试验；

（9）表计校验；

（10）联动试验；

（11）制造厂安装说明书规定的其他试验。

（三）母线槽试验项目

（1）测量接头的接触电阻；

（2）绝缘电阻及交流耐压试验。

第三节　油浸式变压器及电抗器安装

二、卸车及拖运就位

（一）施工准备

（1）油浸式变压器（电抗器）本体运到现场后，检查油箱，所有附件齐全，无锈蚀及机械损伤，密封良好，充氮运输的变压器（电抗器）油箱内为正压，其压力为 0.02～0.03MPa。变压器（电抗器）运输、装卸、就位过程中承受三个方向的冲击力不超过 3g 的加速度（g 为重力加速度）。检查冲击记录仪的数值来验证变压器在运输和装卸过程中的所受到的冲击情况。

（2）根据千斤顶高度与变压器（电抗器）支撑板高度，制作四个强度足够、高度合适的钢制支墩。制作竖立套管的专用支架，用于高压套管及中性点套管安装前现场试验。并准备好施工工器具及材料,包括卷扬机、倒链、滑轮等起重设备,脚手架、篷布、加热片、照明设备、真空滤油设备及管路阀门、抽真空设备以及电气试验仪器。

(3)检查埋设的变压器(电抗器)牵引用地锚,强度满足负荷要求。

(4)施工现场清理。

(5)在安装间布置牵引用的卷扬机和滑轮组,变压器(电抗器)轨道交叉口地锚处,布置导向滑轮,用于变压器(电抗"器)的牵引及转向牵引。

(6)在变压器(电抗器)施工现场附近准备临时绝缘油罐,准备好绝缘油处理用的滤油设备及管路,并全部清扫干净。

(7)将抽真空、热油循环设备布置在变压器(电抗器)油池附近且不影响施工的地方。

(8)施工现场布置三套灯具进行照明。准备石棉布、灭火器、沙箱等防火消防器材,布置在不影响变压器(电抗器)安装的明显位置。

(二)变压器(电抗器)卸车及拖运就位

1.变压器(电抗器)卸车

1)变压器(电抗器)运到工地后,直接运至主厂房卸货间,在卸货间进行卸车前的检查,检查完毕后用主厂房桥机(150t 或以上)卸车。

2)将变压器(电抗器)吊至运输小车(提前清扫小车,检查其润滑情况及是否转动灵活);然后将其落到运输主轨道上。

2.变压器(电抗器)拖运就位

1)变压器(电抗器)牵引至轨道交叉口后(牵引速度 ≤3m/min),用四台(100t)液压千斤顶将变压器(电抗器)顶起,进行变压器(电抗器)小车换向。拆除小车连与本体固定螺丝,将小车沿变压器(电抗器)轨道拖出,将小车方向旋转 90° 后,重新将小车与本体用连接螺栓固定,然后降下千斤顶,千斤顶升降应该由专业人员统一指挥同步进行。拆除牵引用钢丝绳等设备,换向后,检查变压器(电抗器)高低压侧方向与变压器(电抗器)就位后方位保持一致。

2)转向后重新安装变压器(电抗器)牵引钢丝绳,继续用卷扬机向变压器(电抗器)室方向牵引。

3)牵引至变压器(电抗器)室轨道交叉口位置后,用上述同样的方法换向,直至运输就位。

4)变压器(电抗器)就位后,准备好变压器(电抗器)内检及附件安装准备工作。

5)变压器(电抗器)内检及附件安装就位后,在变压器(电抗器)室用汽车吊(25t)进行吊装。

6)变压器(电抗器)牵引着力点牵挂在油箱下部的专用拉板上。不允许牵挂在联管等不能受力的组、部件上。

（三）土办法卸车

（1）卸车前的准备工作。采用土办法卸车,考虑变压器运输车身高度,临时制作两根工字钢大梁,用钢管制作高度分别为 600mm、400mm 的钢支墩各 4 个,50t 压机 6 台,10t 导链两台,卸车支撑用方木,25t 汽车吊配合变压器卸车工作(吊装工字钢大梁)。

（2）卸车方案:

1）按照变压器(电抗器)的安装方向将运输车辆停靠在设备安放点。

2）用 4 台 50t 压机将变压器(电抗器)顶起,将两根工字钢大梁伸入其底部,后用方木垫实。在工字钢梁上涂一层黄油,从而减少摩擦;放上滑板,将变压器(电抗器)落在滑板上。

3）在钢梁的另一端各焊一个吊耳,按 l2t 计算(按实际情况计算),在滑板上焊 2 个吊耳,按 12t 计算,工字钢梁表面涂黄油后摩擦系数按 0.4 计算,吊耳应由专业焊工施焊。

4）用 2 台导链将变压器(电抗器)拉出车厢,用 4 台 50t 压机与方木配合,将变压器顶起,移走钢梁,运输车辆开走。

5）采用压机、支墩及方木配合的方法,将变压器(电抗器)落在指定地点。

6）待运输轨道安装后,用铺临时轨道方法,将变压器(电抗器)拖入运输轨道,拖入变压器(电抗器)最大滚动摩擦系数按 0.2 考虑,地锚按 10t 计算。

7）待变压器(电抗器)拖至轨道交叉处,用 4 台 50t 压机顶起,将变压器(电抗器)行走轮换位,拉入变压器(电抗器)室,就位安装。

三、安装前绝缘油处理

（一）到货绝缘油的检查

随着变压器(电抗器)到货的绝缘油在到达设备仓库或安装现场后,每桶用试管取样目测,并进行油样化验分析。

（二）变压器油过滤、热油循环

（1）将管路系统、真空滤油机、储油罐等清理干净,连接排油管路,并将设备接地。

（2）取变压器油箱中油样进行化验,试验结果应符合安装使用说明书和有关国标的规定。如若不合格,需进行主变油过滤。

（3）为了保证内检和套管安装过程中器身不受潮,内检前应当采用热油循环的方法对器身注油加温排氮并提高器身温度。

（4）接好热油循环的油路系统。利用真空滤油机进行热油循环对器身加温,提高器身温度高于环境温度 10～15℃。

四、排氮、器身内部检查

1. 检查前的工作

（1）变压器（电抗器）运到现场后，开始安装前，应每天检查器身内氮气压力两次，不应低于 0.02MPa。若低于此值，应将氮气压力补充到 0.02～0.03MPa。

（2）在对变压器内部检查前，要配好油管路和抽空管路，管件最好采用不镀锌的无缝钢管，管内部要进行除锈涂漆处理，使用时用热变压器油冲洗。

（3）检查主体存放过程中是否受潮：

1）注油储存的产品，化验箱底油样，并检查线圈的绝缘电阻等，当油的击穿电压 U 大于等于 60kV，含水量小于等于 10ppm；线圈的绝缘电阻 R60、极化指数 R600/R60、介损 tan8 与出厂值无明显变化，则认为未受潮。

2）用 2500V 摇表检测铁芯对地绝缘电阻与出厂值比较。

3）储存过程中受潮的产品，安装前须要进行干燥处理；运输过程中受潮的产品，应当干燥处理后进行储存。

（4）排氮

1）注油排氮前应将油箱内的残油排尽。

2）充氮的变压器、电抗器需吊置检查时，必须让器身在空气中暴露时间在 15min 以上，待氮气充分扩散后进行。

（二）变压器检查条件

（1）当遇到雨、雾、雪和风沙等天气，或者相对湿度大于 75% 时，不能进行检查。

（2）周围空气温度不低于 0℃，器身温度不低于周围空气温度；当器身温度低于周围空气温度时，应将器身加热，使其温度高于周围空气温度 10～15℃。

（三）变压器的检查

（1）通常情况下，变压器运输过程中没有受到严重冲撞时，可从箱壁进入孔处进入油箱中的两侧进行内检；上铁轭上的构件，从箱盖上的法兰孔进行检查。若发现有异常情况，需进行吊芯检查。

（2）首先打开箱盖顶部的盖板，再由油箱下部的注油阀门注油排氮。所注绝缘油质符合相关规定，注油至压板以上静置 12h 后再放油。注油和放油时，采用真空滤油机，切忌采用板式滤油机，在厂房内排氮时，注意保持通风状态以防发生人员窒息事故。

（3）放油后检查人员立即进入油箱中进行检查，油箱中的含氧量应大于 18%，进入油箱中人员不得超过 3 人。在内检时最好向油箱中吹入露点为 30℃ 以下的干燥空气。每分钟以 0.2m³ 的流量吹入油箱内。

（四）器身检查的内容

（1）检查所有紧固件（金属和非金属）是否有松动。

（2）检查引线的夹持、捆绑、支撑和绝缘的包扎是否良好。

（3）检查开关的传动、接触是否良好。

（4）若器身出现位移。

（5）用 2500V 摇表检测铁芯的绝缘是否良好；铁芯是否确保一点可靠接地。

（6）检查完毕后，清除油箱中的残油、污物。然后先安装与油箱相通的组件。

五、高压套管及附件安装

（一）储油柜的安装

（1）在储油柜安装前，打开侧面封盖，将储油柜内壁用无水乙醇清洗干净。

（2）隔膜袋清洗干净后，用氮气将储油柜中的胶囊或隔膜缓慢充气胀开，用手触摸有弹性最大压力不得超过 19.6kPa 即可停止充气，封死充气口停放 0.5h，进行检漏。合格后装入储油柜。安装隔膜袋时，注意将隔膜袋展开平铺在储油柜内以保证隔膜袋起到呼吸作用。

（3）变压器（电抗器）内检过程中吊装储油柜，用导向棒校准方位，穿入连接螺栓用力矩扳手对称拧紧全部螺栓。

（4）储油柜吊装结束后，安装油位表，油位表动作灵活，指示正确，油位表的信号接点位置正确，绝缘良好。

（二）套管升高座安装

（1）升高座安装前，在地面用无水乙醇清洗内壁。

（2）拆除变压器器身升高座底座法兰临时盖板，用无水乙醇清洗干净，涂抹密封胶，装密封垫圈。

（3）吊装升高座时，用导向棒校准方位后，穿入螺栓用力矩扳手对称拧紧。升高座安装方向必须符合厂家技术要求。

（三）安全装置安装

安装前，检查安全气道隔膜是否完整，信号接线是否正确，接触良好，阀盖和升高座内部清洁。密封良好，压力释放装置的接点动作准确，绝缘良好，用白布蘸无水乙醇清洁连接面且涂抹密封胶，对准方位粘贴密封垫并立即将其吊至安装部位，穿入螺栓用力矩扳手对称拧紧。

（四）高、低压套管的安装。

（1）按变压器（电抗器）套管有关尺寸，制作套管临时支架。

（2）安装前，先将套管竖立吊装到临时支架上，用螺栓固定牢固。用白布蘸无水乙醇将套管瓷件清洗干净后，进行绝缘电阻、介质损耗角正切值和电容值的测量，试验合格后方可进行吊装。

(3)套管吊装就位后，将紧固螺栓对称拧紧。

(4)按厂家技术资料要求连接高、低压套管引线。

（五）油管路安装

(1)油管路安装前，打开两端的封盖，用细铅丝绑白布蘸无水乙醇清洁管路内壁；

(2)能提前连接的管路，尽量在地面提前连接好；

(3)管路清洗干净后，用临时盖板封好存放；

(4)管路安装前，按出厂时在管路法兰上打的钢号用油漆编号；

(5)管路连接前，涂抹密封胶，安装密封圈，调整好位置，穿入螺栓用力矩扳手对称拧紧。

（六）控制柜安装

(1)按厂家技术图纸吊装就位，控制柜的垂直度等误差应符合相关规范要求；

(2)控制柜用连接螺栓对称均匀拧紧，固定牢固、可靠；

(3)按设计图纸及厂家技术资料进行电缆敷设及二次配线，配线应整齐，美观。

（七）气体继电器和测量表计的安装

安装前，将气体继电器和测量表计提前交专门校验部门校验，气体继电器水平安装在变压器的油箱与储油柜之间的联管上，其顶盖上的标志的箭头指向储油柜，与连通管连接良好，允许储油柜端稍高，但联管的轴线与水平面的倾斜度不得超过4%，安装完毕后，打开连接管上的油阀，拧下气塞防尘罩用手拧松气塞螺母，使空气排出，直到气嘴逸油为止再拧紧螺母；温度计安装前校验合格，信号接点动作正确，绕组温度计按厂家规定整定，顶盖上的温度计座内加注热变压器油，密封良好。

（八）冷却器的安装

使用吊带将冷却器上端与变压器上部阀门连接，下端安"装阀门并与油泵相接，将支撑座安装完成后，开启油系统中的阀门，随同变压器进行抽真空。

六、注油及热油循环

(1)真空处理和真空注油注意事项：

1)对真空泵及真空滤油机进行检查，确保运转正常；

2)检查设备与器身的连接管路是否满足运行要求。

(2)真空处理的管路连接至变压器主导气联管端头的阀门上。

(3)真空处理前将油冷却器(包含片式散热器)上下联管处的蝶阀全部打开，启动真空泵开始进行真空处理，均匀提高真空度。

(4)抽真空的最初1h内，当残压达到20kPa时，无异常情况下，继续提高真空度直至残压达到 67Pa,且保持 24h 以上,若真空度不存在明显下降,即可开始真空注油。

(5)开始注油前(油温保持在 40~60℃),一定要排净管路中的气体(打开联管处或注油阀门上的放气塞,待冒油后关闭放气塞,再打开阀门)。注油自下而上,每小时注入的油量小于 5000L。当油注到距箱顶 100~200mm 时,即可关闭真空阀门,停止抽真空。但真空滤油机不停止注油,直到油位逼近气体继电器封板处,才将真空滤油机停下。

(6)热油循环。热油循环自上而下,滤油机出口管路与油箱上部的蝶阀连接,滤油机入口管路与油箱下部的阀门连接。对于油导向结构的产品,要将器身与本体的油路连通,同时要将气体继电器处的蝶阀打开。解除真空后作热油循环。热油循环时,当变压器出口油温达到(70±5)℃时,循环时间不少于48h,通常使全油量循环 3~4 次。最后使油质达到国标规定要求。

(7)打开套管、冷却(散热)器、联管等上部的放气塞,待油溢出时关闭塞子。根据最后的油温和油面曲线调整油面(由储油柜集气盒上的注放油管进行),然后取油样化验必须符合国标规定要求。放气结束后静置 72h(包含起始 24h 的密封试验),这其中每间隔 12h 进行一次排气。

(8)密封性能试验。在真空处理过程中,真空度上升缓慢或泄漏率大于 34Pa/h 时,说明有渗漏的情况,检查有关管路和变压器上各组件安装部位的密封处,若发现渗漏要及时处理。变压器密封性能试验,使油箱内维持 0.035MPa 的压力,用油柱静压法试漏时,静压 24h;加压试漏法时(储油柜油面充干燥氮气),加压时间为 24h,无渗漏。试验时带冷却装置,不带压力释放装置(压力试验时关闭安装蝶阀,试验完毕,投运前打开此蝶阀)。

七、现场试验

(一)安装前试验

(1)接地套管绝缘检查;

(2)三相及中性点高压套管的试验(绝缘电阻值、介质损耗角正切值 tan);

(3)避雷器试验(绝缘电阻值、直流耐压试验)。

(二)安装后试验

(1)测量绕组连同套管的绝缘电阻、吸收比,极化指数:

1)试验目的:所测绝缘电阻能发现电气设备的局部绝缘降低、整体受潮、脏污、绝缘油劣化等缺陷。

2)试验设备:5000V 电动摇表。

3)试验数据分析:记录绝缘电阻、吸收比、极化指数值,绝缘电阻值不应低于产品出厂例行试验值的 70%;当测量温度与产品温度不符时应换算到同一温度时的数据再进行比较;吸收比与产品出厂值相比应无明显差别,在常温下不应小于1.3。

（2）绕组连同套管的直流电阻测量：

1）试验目的：检查绕组接头母线安装质量、绕组有无匝间短路、调压分接开关的各个位置接触是否良好、分接开关实际位置与指示位置是否相符。

2）试验方法：直流旋转焊机输入电流，读取电压值，用电流电压法算出直流电阻值，测量应在各分接头所有位置上进行。

3）试验数据分析：各项测得的误差应不大于平均值的 2%，变压器的直流电阻与同温下产品出厂试验数据比较相应变化不应大于 2%。采用仪表标准应高于 0.2 级。

（3）检查变压器所有分接开关抽头的变压比，进行分接开关切换装置的检查和试验，开关切换装置应和实际挡位相对应。

1）试验目的：检查变压器绕组匝数比的正确性，检查分接开关安装接触的状况。

2）试验方法：通入 380V 三相电源，同时读取次级与初级的电压值，然后计算出变比，各档试验方法均一样（或用变比测试仪测试）。

3）试验数据分析：与制造厂铭牌数据相比应无明显差别，且符合变压比的规律。

（4）检查和测量变压器的三相接线组别：

1）试验目的：检查是否与铭牌及设计相一致。

2）试验方法：直流法或用变比测试仪测试。

3）试验数据分析：应与铭牌标记的符号相符。

第四节　户内 GIS 设备安装

一、基础安装

根据设备基础设计桩号、高程，安装调整 GIS 设备基础型钢，使其水平与垂直误差符合设计和厂家技术要求，同时按照厂家要求做好 GIS 设备接地板的安装预埋。其误差要求 GIS 的槽钢基础水平度在千分之一以内，基础高程误差小于 ±2mm，基础中心线偏差小于 ±2mm。GIS 基础放点要与发电机主变采用同一个基准点。测量始终应采用同一把钢卷尺进行。

二、设备就位安装

（1）测量与放点、划线及定位方法。基础划线采用全站仪和钢卷尺等测量工具进行，按照 GIS 平面布置图和 GIS 基础图中注明的尺寸，将断路器中心线，主母线中心线及各个间隔中心线单独绘制出来。

（2）设备起吊时必须用尼龙吊带，吊点位置要经过厂家人员的许可或按厂家说明书规定。

（3）首先确定安装基准为中间单元，即确定最先就位的间隔。再以左右一字排开的形式进行相邻单元的组合，从而减少整体组合安装累积误差。安装基准间隔，应保证基准间隔主母线基础的标高比其他间隔主母线的标高要高，如果不够要在下面加调整垫片，分别进行三相设备调整和固定。

（4）封闭式组合电器的基准间隔就位后，首先将其调整到安装位置，使设备中心线和母线筒中心线与测量所放线一致。安装时应以母线筒为基础，逐级安装，将其初步固定在基础上，用水平尺校正母线筒的水平度。完毕后，将该间隔设备底座与基础槽钢用电焊焊接牢固。然后回收封闭式组合电器在运输过程中预充的 SF6 气体，将盆式绝缘子保护罩取下，仔细清理好密封面、密封圈。

（5）将与之相连的第二个母线筒摆正，其母线筒与基准间隔母线筒对正，用无毛纸蘸酒精将母线导体清洗干净，主要是将导体头和与之相连的梅花触头接触面擦洗干净，同时检查母线外壳连接法兰密封面，密封面和槽不得有划痕，并用无毛纸蘸酒精将其擦干净，清洗。形密封圈，在密封面、槽、O 形密封圈涂上适量密封脂，装好密封圈，然后用小千斤顶或倒链配合小台车将第二个间隔母线导体头缓缓插入另一侧的梅花触头中，插入过程中导体头和梅花触头不得受额外应力。同时在母线筒外壳连接法兰上的螺孔中插入导向棒，到一定距离时，穿入连接螺栓，并将连接螺栓紧死。注意紧固螺栓必须用力矩扳手，力矩大小应符合规定要求，螺栓要对角均匀上紧，各连接触头要对正，保证接触效果良好。

（6）在安装第二个间隔时，调整其水平度，使其母线筒法兰与基准间隔的母线筒法兰对正，并保证连接触头的插入深度符合厂家规定。如果装有伸缩节时，密封面也应按上述方法作同样处理。

（7）对 GIS 中罐体法兰与盆式绝缘子的连接、罐内导体与绝缘件的连接应用专用的力矩扳手紧固螺栓，避免螺栓紧固过度或不足。对于竖直安装的盆式绝缘子，紧固螺栓时应按顺序和中心对称紧固的原则，螺栓紧固用的参考力矩应符合要求。

（8）在各部件连接前，除去盆式绝缘子的保护罩，绝缘件严禁用手直接接触，必须戴洁净白色尼龙手套进行清扫。并用无毛纸蘸酒精仔细擦洗盆式绝缘子的表面及内嵌导体的表面，以保证其连接的密封及导体的可靠接触，擦洗完后用吸尘器进行清理。镀银部分不得挫磨；载流部分表面无凹陷及毛刺，连接螺栓齐全，紧固。对接完毕后，连接螺栓对称用力矩扳手拧紧，并装上密封圈。

（9）更换吸附剂要求。更换吸附剂因吸附剂极易受潮，在其安装前必须经烘干处理。烘干温度为 300℃，烘干时间为 4h，烘干的吸附剂立即装入封闭式组合电器内。装入吸附剂后，要立即启动真空泵对安装吸附剂的气室抽真空，在空气中暴露时间不超过 10min。若超过 4h 后都还未抽真空，则需对吸附剂重新进行烘干处理。

（10）制造厂已装配好的电气元件在现场组装时一般不做解体检查，如有缺陷需在现场解体检查时,应得到制造厂的同意。

四、套管连接

(1)出线套管的安装,应在各部分安装完毕后进行安装。

(2)套管在吊装前应认真研究吊装方案,一般宜采用专用工具和吊带进行起吊,以确保瓷套管不受破坏。

(3)吊装前应先装好内屏蔽罩及导电杆,并将外均压环先套在瓷套管上并将套管清理干净。起吊时,应防止一头在地面上出现拖动现象,可采用手拉葫芦辅助起吊。在套管吊离地面后,调整葫芦的长度,使套管吊至一合适角度,使之与GIS外壳具有相应的合适位置。

(4)吊离地面后,卸下套管尾部的保护罩。必要时测量套管尾部长度,以保证套管插入深度。清理套管基座内的盆式绝缘子和导电触头,在法兰上涂敷密封胶,安放密封圈,然后将套管的触头对准母线简上的触头座,移动套管,使其螺丝孔正对套管支座的螺孔,用螺栓固定,最后用力矩扳手紧固套管支座的螺栓。

五、接地安装

(1)GIS基座上的每一根接地母线,应采用分设其两端的接地线与GIS室内的接地装置连接。接地线应与GIS区域环形接地母线连接。接地母线较长时,其中部应另加接地线,并连接至接地网。接地线与GIS接地母线应采用螺栓连接方式。

(2)全封闭组合电器的外壳应按制造厂规定接地;法兰片间应采用跨接线连接,并确保良好电气通路;汇控柜的金属框架和底座与接地母线可靠连接。

六、现场试验

(一)机械操作和机械特性试验

(1)在断路器进行电动操作之前先用手力操作杆进行慢分、慢合两次操作,应无不良现象。然后电动操动机构贮能至规定值,按照厂家要求进行机械操作试验和机械特性试验。操作试验应动作正常,机械特性(断路器合闸和分闸时间、同期、速度等)试验应符合厂家出厂文件要求。

(2)隔离开关和接地开关的机械特性试验。隔离开关和接地开关的分、合闸时间、速度应符合厂家出厂文件要求。

(二)主回路直流电阻测量

主回路直流电阻测量在进、出线端子间进行,测量值应符合厂家要求。同时进行回路绝缘电阻测量。

（三）主回路绝缘电阻测量

用 5000V 摇表测量主回路对地绝缘电阻应大于 5000MΩ。用 500V 摇表测量辅助回路和控制回路对地绝缘电阻，应大于 2MΩ。

（四）GIS 内避雷器的绝缘电阻测量

用 5000V 兆欧表测试，其数值与出厂值相比无显著差别。受避雷器与外部连接结构和试验电压过高所限，避雷器的工频参考电压和直流参考电压不需要检测，在避雷器带电后记录在运行电压下的持续电流，须符合产品的技术条件规定。

（五）电压互感器试验

在组装前，用变比测试仪测试其变比，须与标称的级别相符合。用数字万用表测量一次绕组的直流电阻，三相差别不大于 5%。用 250V 兆欧表和指针万用表判断其极性。

（六）电流互感器的变比试验

对桥联和出线上的电流互感器，可通过互感器组两端的接地开关加入，中间的断路器闭合，一端外部的接地线要解开。互感器的励磁特性用 6000/400V、50kVA 试验变进行。二次绕组的工频耐压为 2000V，使用 10000/200V，300VA 的试验变做。每一绕组耐压时，该绕组首尾短接，其它绕组短接接地。进线间隔电流互感器变比试验：在进线电缆未安装且进线孔是打开的状态，从进线端和该间隔接地开关加入电流。

（七）开关特性试验

GIS 各气室充气后，进行断路器的分合闸时间、分合闸速度、同期性测试。断路器的主触头通过合接地开关引出，外引接地线解开，解除机械连锁。使用开关特性测试仪测试记录上述参数。用数字万用表测量分合闸线圈的直流电阻，与制造厂的技术文件相符。

第五节 户外敞开式开关站设备安装

一、基础、立柱、构架安装

（一）基础安装

（1）根据测量放点进行基础安装。

（2）基础安装要满足施工图技术要求及规范要求：

1）基础的中心距离及高度的误差不应大于 10mm；预留孔或预埋铁板中心线的误差应不大于 10mm，预埋螺栓中心线的误差不应大于 2mm。检查基础尺寸，确保基础预埋螺栓尺寸和设备基础尺寸相符合；

2）将厂家所配的预埋螺柱植入基础坑中预埋，确保其垂直度，要求前后左右方向各螺丝中心距离偏差不得超过 2mm，以确保安装顺利，螺栓预埋后露出地面距离要符合厂家要求，误差不大于 5mm。

（3）基础安装完毕后按要求进行防腐处理。

（二）立柱安装

（1）按照设计图纸要求在设备基础上将立柱的安装中心线划好。

（2）根据划好的中心线将立柱在基础上初步固定，调整立柱的中心和垂直度。应符合设计及规范要求。

1）待预埋螺丝的混凝土完全凝固并达到一定的保养期（大约一星期）后，可以安装断路器支架。按厂家所标示的支架相序组装，用厂家提供的螺栓将其固定，必要时加垫片调整水平。垫片不宜超过 3 片，总厚度不应大于 10mm，各片间应焊接牢固，校直二相水平一致。

2）用力矩扳手扭紧螺栓，用力矩扳手施加力矩把螺母拧紧，再次检查支架稳定性，检查支架是否水平和垂直。

（3）将调好的立柱焊接牢靠。支架、铁件制作用的槽钢、钢板、角钢等应平直，支架铁件焊接固定时，其上部端面应保持水平，误差不得超过 2mm。相间高度误差分相操作应 5mm。

（4）相间距离与设计要求之差分相操作应小于等于 10mm。

（三）构架安装

（1）按照设计图纸制作构架并做好防腐处理。若构架是成品到货，应检查构架的焊接及防腐情况，如果不满足设计及规范要求，应进行补强处理。

（2）用吊车将构架的一根立柱立起，调整好立柱的中心位置和垂直度后，将立柱焊接牢靠。

（3）用吊车将另一根立柱吊起，调整中心和垂直度，并复测立柱的间距，各项数据均满足要求后，将立柱焊接牢固。

（4）用吊车将构架横梁吊起，调整横梁的平衡度，以满足吊装要求。

（5）将横梁插入立柱中间（采用倒链或拉紧器调整立柱的间距），确认横梁的方向符合设计要求后，用螺栓将横梁和立柱连接牢靠。

（6）对安装过程中破坏的防腐层，及时进行修复。

三、隔离开关安装

（一）设备吊装

（1）用吊带将隔离开关捆绑牢靠，采用吊车分相进行吊装；

（2）吊装时，应明确隔离开关的安装方向（地刀的方位）；

（3）将调整好的设备与基础焊接（螺接）牢靠。

（二）附件安装

（1）按厂家设计图纸要求完成操作连杆的安装；

（2）按设计图纸要求安装操动机构；

（3）按照实际测量出来的结果,进行操动机构到隔离开关的操作杆的下料和安装。

（三）安装及调整

（1）隔离开关地面组装调整：

1）单相组装前应仔细检查基座转动部分,不应出现卡阻的现象,各传动机械传动部分应加制造厂规定的润滑脂,用手拨动后应有轻松感。

2）隔离开关触头应检查,清洗。在清理纯铜触头表面氧化物时,应使用金相砂纸,不得使用大颗粒砂纸及破坏涂层。触头的镀银层应无脱落现象,并加涂中性凡士林。载流部分的可挠连接不得有折损,表面应无严重的凹陷及锈蚀,连接应牢固,接触应良好。设备接线端子应涂以薄层电力复合脂。

3）选择等高的支柱绝缘子固定在同相底座上。在安装上节绝缘子时应防止下节绝缘子翻转。同组绝缘子调整误差可用软管及钢卷尺检查,其误差应小于等于 2mm。

4）调节同一绝缘子柱的各绝缘子中心,同相各支柱绝缘子的中心线应在同一垂直平面内,垂直误差可用线垂和钢板尺检查,其误差应小于等于 2mm。

5）调整相同的水平连杆,使两侧支持绝缘子分合闸同步；变动水平连杆位置,使隔离开关处于合闸位置；检查触头合闸接触情况,不应发生没有备用行程的情况,使触头的相对位置及备用行程符合技术规定。

（2）整体就位：

1）隔离开关吊装前在两端绝缘子间应有防止设备倾倒的措施。

2）吊装就位时,隔离开关主刀和接地开关的打开方向必须符合设计的要求。

3）三相间连接杆中心线误差可用拉线与钢卷尺来检查,其误差应小于等于 2mm。

（3）操作机构就位与检查：

1）安装操作机构可用线书网热作机构宏装高度应符合底座轴线重合,其误差应小于等于 1mm。操作机构安装高度应符合设计的要求,固定牢固可靠。

1000V 兆欧表检查,其绝缘电阻由气控制接线应正确、啮合应正确、轻便灵活、无卡涩现象发生,电气控制接线应正确、无断线或短接现象。

4）接地刀刃转轴上的弹簧应调整到操作力矩最小,并加以固定；在垂直连杆上涂以黑色油漆。

（4）整组调整：

1）调整隔离开关的分合闸位置,使分闸角度和合闸后触头间的相对位置、接触情况、备用行程均符合产品技术条件的规定。

2）对垂直、水平接杆的配制,应符合下列要求:

①拉杆应校直、其弯曲误差不应大于 1mm。拉杆内径应与连接轴直径相配合,其间隙不应大于 1mm。

②法兰与拉杆连接时,应使法兰端面与拉杆轴线保持垂直,相间连杆应在同一水平线上。

③圆锥销规格与数量均应符合产品说明书要求。销子不得松动,也不得焊死。圆锥销打紧后,两头外露尺寸应不小于 3mm。

3）主刀何与接地开关间的机械连锁必须可靠。此外在主刀合闸时,地刀窜动提升后,主刀与接地开关最小距离应满足电气最小安全净距要求。

4）触头间应接触紧密,两侧接触压力应均匀,且符合产品的技术规定。接触情况用 0.05mm × 10mm 的塞尺进行检查,对于线接触的刀闸应塞不进去;对于面接触的刀闸其插入深度在接触表面宽度为 50mm 及以下时不超过 4mm,在接触表面宽度为 60mm 及以上时不应超过 6mm。

5）支柱绝缘子合闸定位螺钉调整尺寸应符合厂家技术规定,所有螺栓应紧固,设备表面保持清洁。相色标志正确,外壳接地可靠,符合设计要求。

6）隔离开关的相间误差,应不大于 20mm。

7）隔离开关的辅助开关应安装牢固,户外应有防雨措施,动作准确可靠。

8）隔离开关的防误操作机构必须安装牢固,动作可靠。

9）在手动分、合闸操作检查无误后,方可进行电动操作。第一次电动操作时应先将机构转轴处于中间位置,总支操作机构后,电动机的转向应正确,机构动作平稳,无卡阻、冲击等异常现象发生,限位装置准确、可靠,机构的分、合闸指示应与设备实际分、合闸位置相符。

（四）完工验收检查项目

（1）操作机构、传动装置、辅助开关及闭锁装置应安装牢固,动作灵活可靠;位置指示正确,无渗漏。

（2）相间距离及分闸时,触头打开角度和距离应符合产品的技术规定。

（3）触头应接触紧密良好。

（4）油漆应完整、相色标志正确、接地良好。

四、电流、电压互感器安装

（一）设备检查

（1）互感器安装前应进行下列检查:外观检查完好,附件应齐全;油位应正常,密封应良好,无渗油现象;互感器的变比分接头的位置和极性符合相关规定;二次接线板应保持完整,引线端子应连接牢固、绝缘良好、标志清晰;隔膜式储油柜的隔膜和金属膨胀器应完好无损,顶盖螺栓应坚固。

（2）互感器可不进行器身检查，但是在发现有异常情况发生时，应当按下列要求进行全面检查：螺栓应无松动，附件完整；铁芯应无变形，且清洁紧密无锈蚀；绕组绝缘应完好，连接正确、紧固；绝缘支持物应牢固，无损伤；内部应清洁，无油垢杂物；穿心螺栓应绝缘良好；制造厂有特殊规定时，也应符合制造厂的规定。

（3）互感器运输中油位计加了保护层的，要将其去掉；互感器的串并联变比接法与设计要一致。

（4）带油的电流、电压互感器注意油位是否正常。

（5）互感器顶部膨胀器的固定螺栓须拆除。

（6）二次接线完后必须恢复其盖板以防绝缘瓷屏受潮，且电缆穿孔须封堵。

（二）就位

（1）整体起吊时，吊索应固定在规定的吊环上，并应设置防倾倒措施，不得使用瓷裙起吊及碰伤瓷套。

（2）油浸式互感器安装面应水平，并列安装时应使其排列整齐，同一组互感器的极性方向应保持一致。

（3）具有吸湿器的互感器其吸湿剂应干燥，油封油位应正常。呼吸孔的塞子带有垫片时，应将垫片取下。

（4）具有均压环的互感器，均压环应安装牢固、水平，且方向正确。具有保护间隙的，应按照制造厂的规定调好距离。

（5）零序电流互感器的安装，不应使构架或其他导磁体与互感器铁芯直接接触，或与其构成闭磁回路。

（6）互感器整体倾斜度不得大于高度的2%。

（7）安装时二次接线盒或铭牌的朝向应符合设计要求并朝向一致。

（三）二次电缆敷设

（1）互感器就位后进行二次电缆敷设，电压互感器的二次接线端子不能短接，电流互感器的二次接线端子要构成回路。穿越互感器铁芯的电缆芯线保护层良好，匝数符合设计要求。

（2）互感器的下列部位应良好接地：分级绝缘的电压互感器，其一次绕组的接地引出端子；电容式电压互感器应按制造厂的规定接地；电容型绝缘的电流互感器一次绕组末屏的引出端子及铁芯引出接地端子；互感器的外壳；电流互感器的备用二次绕组端子先短路后接地。

五、避雷器安装

（1）在安装前进行避雷器的外观检查，要求外部完整无缺陷，封口处密封良好，法兰连接处无缝隙，瓷件无裂纹、破损，瓷套与法兰间粘合牢固。

（2）避雷器各元件分件安装到设备支柱上，组装的上下节位置、编号应与设备供应商标志编号相符。要求每个元件的中心线与安装中心线垂直偏差小于1.5%倍元件高度。

（3）每台避雷器的支撑绝缘子应受力均匀，并注意放好绝缘套及绝缘垫。

（4）避雷器各连接处接触面去除氧化膜，涂敷电力复合脂，接触良好。

（5）均压环安装应水平。

（6）放电记录器密封良好，运作可靠，安装位置一致。

（7）安装时二次接线盒或铭牌的朝向应符合设计要求，且朝向需保持一致。

六、管型母线安装

（一）施工前检查

（1）检查到货的铝管、金具、瓷瓶及连接件，其结构与规格应与工程设计相符。所有使用的材料均应符合国家现行技术标准的规定，均有合格证件，并按规范要求进行外观检查。

（2）铝合金管材表面应光洁，无裂纹和损伤，最大挠度不应超标，否则应进行校直。

（二）现场布置

（1）为便于施工，避免母线变形，连接场地应尽可能地靠近母线的安装位置；

（2）管母线应放置在垫有草袋等防护措施的道木上，道木间隔3m平行排列，道木上平面应用水准仪找平。

（三）铝管连接

（1）配管及校直。由于母材供货长度不一，连管前应根据具体情况，按设计要求进行配管，配管应按下列原则进行：

1）管母连接金具应避开管母的安装支点（固定金具）和管母引下线的金具，且距离应大于等于50mm；

2）由于三相管母引下线金具的位置不同，配管时应仔细计划，避免出现浪费的情况发生。

配管前若铝管挠度超标，应进行调直后再配管，校直方案采用自制卡具，液压千斤顶法进行校直或利用现有的条件校直，以确保整根母线的平直度。母线应矫正平直，切断面应平整且与轴线垂直。

（2）连接外内管衬管的安装。管母线的连接采用外部连接金具，连接外内部有衬管将衬管分中,使一端插入管母线内。在管口划印为观察衬管有无移动的标记,用平鑫和榔头在管母线管口将衬管和管母铆由四点,再将另一段管母套在外露的衬管上,注意观察管口印记以防衬管滑脱。

(3)母线连接金具及其他金具的安装。母线与母线或母线与电器接线端子的螺栓搭接面的安装,应符合下列要求:

1)母线接触面加工后必须保持清洁,并涂以电力复合脂;

2)母线平直时,贯穿螺栓应由下往上穿,其余情况下,螺母应置于维护侧,螺栓长度宜露出螺母的 2~3 扣;

3)螺栓受力要均匀,不应使电器的接线端子受到额外应力;

4)母线的接触面应连接紧密,连接螺栓应用力矩扳手紧固。

5)螺栓固定的母线搭接面应平整,不应有麻面、起皮及未覆盖部分;

6)各种金属构件的安装螺孔不应采用气焊割孔或电焊吹孔;

7)金属构件除锈应彻底,防腐漆应涂刷均匀,粘合牢固,不得有起层、皱皮等缺陷;

8)母线涂漆应均匀,无起层、皱皮等缺陷;

9)母线螺栓连接及支持连接处,母线与电器的连接处以及距所有连接处 10mm 以内的地方不应刷相序漆。

(三)管母线的吊装

(1)220kv、110kV 管母线的吊装采用单台吊车 3 点吊装安装;

(2)确定吊点组装附件时,应注意母线连接金具距其他各金属的距离不小于 50mm;

(3)相色漆也尽可能在地面刷好;

(4)相同布置主母线、分支母线、引下线及设备连接线应保持对称一致,横平竖直整齐美观。

八、母线连接安装

(1)软导线使用前进行外观检查,要求导线无扭结、松股及严重腐蚀等缺陷,同一截面处的损伤面积应小于导电部分总截面的 1%。

(2)软导线安装长度采用麻绳实际量取,其弧垂度允许偏差小于 10%,并符合室外配电装置的电气安全距离要求。

(3)导线与线夹的连接采用液压压接,压接前先用汽油或其他清洗剂清洗线夹内表面,清除影响穿管的锌疤及焊渣。软导线穿管部分用钢丝刷清理干净氧化膜,用清洗剂清洗后涂敷电力复合脂。

(4)将铝导线插入线夹铝管内,注意线夹方向及加工面和导线的弯曲方向。选择合适的模具进行压接,操作液压机使每模都达到规定压力。施压时相邻两模应重叠 5mm。第一模压好后,用千分尺检查对边尺寸,符合标准要求。继续将管子全部压完,如有飞边需要用锉刀修平,并使用细砂布磨光。

(5)导线与设备连接后用 0.05mm 塞尺检查,塞入深度应小于 6mm。

(6)导线与设备连接后导线弧垂、弛度要符合设计、规范要求。

九、现场试验

现场试验应按照制造厂的技术文件要求和 GB 50150-2016 的规定进行。

(一)电容式电压互感器

(1)测量绝缘电阻;

(2)电容值测量;

(3)测量介质损耗正切值;

(4)测量电压比;

(5)检查三相接线组别和单相互感器引出线的极性;

(6)交流耐压试验;

(7)中间变压器一次、二次端子耐压试验;

(8)电容分压器耐压试验;

(9)中间变压器倍频感应耐压试验;

(10)局部放电测量;

(11)渗漏油检查;

(12)中间变压器绝缘油试验;

(13)制造厂安装说明书规定的其他试验项目;

(14)用于关口计量的互感器(包括电流互感器、电压互感器和组合互感器)及表记必须进行误差测量,且进行误差检测的机构(实验室)必须是经过国家授权的法定计量鉴定机构。

(二)电流互感器试验

(1)极性试验;

(2)测试变流比;

(3)测量线圈绝缘电阻;

(4)测试绕组直流电阻;

(5)交流耐压试验;

(6)测试 V-A 特性。

(三)避雷器试验

(1)测量每节避雷器绝缘电阻以及避雷器底座绝缘电阻;

(2)测量电导或泄漏电流;

(3)最大工作电压持续电流试验；

(4)工频(直流)参考电压试验；

(5)放电计数器动作试验；

(6)制造厂安装说明书规定的其他试验项目。

（四）隔离开关试验

(1)操动机构线圈的最低动作电压；

(2)隔离开关的主闸刀和接地闸刀分合试验；

(3)隔离开关回路电阻；

(4)隔离开关一次绝缘电阻

（五）管型母线试验

(1)绝缘电阻测量；

(2)测量每相导电回路的电阻；

(3)交流耐压试验。

参 考 文 献

[1] 高喜永，段玉洁，于勉．水利工程施工技术与管理 [M]．长春：吉林科学技术出版社，2019.05.

[2] 贺芳丁，刘荣钊，马成远．水利工程施工设计优化研究 [M]．长春：吉林科学技术出版社，2019.10.

[3] 姬志军，邓世顺．水利工程与施工管理 [M]．哈尔滨：哈尔滨地图出版社，2019.08.

[4] 陈雪艳．水利工程施工与管理以及金属结构全过程技术 [M]．北京：中国大地出版社，2019.09.

[5] 牛广伟．水利工程施工技术与管理实践 [M]．北京：现代出版社，2019.09.

[6] 高明强，曾政，王波．水利水电工程施工技术研究 [M]．延吉：延边大学出版社，2019.05.

[7] 丁长春．水利工程与施工管理 [M]．长春：吉林科学技术出版社，2019.08.

[8] 吴志强，董树果，蒋安亮．水利工程施工技术与水工机械设备维修 [M]．哈尔滨：哈尔滨工业大学出版社，2019.02.

[9] 郝秀玲，李钰，杨杨．水利工程设计与施工 [M]．长春：吉林科学技术出版社，2019.08.

[10] 周峰，曹光超，宋先锋．水利工程与水电施工技术 [M]．长春：吉林科学技术出版社，2019.

[11] 李宝亭，余继明．水利水电工程建设与施工设计优化 [M]．长春：吉林科学技术出版社，2019.

[12] 王东升，徐培蓁．水利水电工程施工安全生产技术 [M]．北京：中国建筑工业出版社，2019.08.

[13] 刘明忠，田淼，易柏生．水利工程建设项目施工监理控制管理 [M]．北京：中国水利水电出版社，2019.01.

[14] 谢文鹏，苗兴皓，姜旭民．水利工程施工新技术 [M]．北京：中国建材工业出版社，2020.01.

[15] 束东．水利工程建设项目施工单位安全员业务简明读本 [M]．南京：河海大学出版社，2020.01.

[16] 闫国新，吴伟．水利工程施工技术 [M]．北京：中国水利水电出版社，2020.01.

[17] 张鹏．水利工程施工管理 [M]．郑州：黄河水利出版社，2020.06.

[18] 赵永前．水利工程施工质量控制与安全管理 [M]．郑州：黄河水利出版社，2020.09.

[19] 倪泽敏.生态环境保护与水利工程施工 [M].长春:吉林科学技术出版社,2020.09.

[20] 刘勇,郑鹏,王庆.水利工程与公路桥梁施工管理 [M].长春:吉林科学技术出版社,2020.09.

[21] 朱显鸽.水利水电工程施工技术 [M].郑州:黄河水利出版社,2020.07.

[22] 闫国新.水利水电工程施工技术 [M].郑州:黄河水利出版社,2020.06.

[23] 张义.水利工程建设与施工管理 [M].长春:吉林科学技术出版社,2020.09.

[24] 闫文涛,张海东.水利水电工程施工与项目管理 [M].长春:吉林科学技术出版社,2020.09.

[25] 马志登.水利工程隧洞开挖施工技术 [M].北京:中国水利水电出版社,2020.08.

[26] 王立权.水利工程建设项目施工监理概论 [M].北京:中国三峡出版社,2020.09.

[27] 王仁龙.水利工程混凝土施工安全管理手册 [M].北京:中国水利水电出版社,2020.09.

[28] 代培,任毅,肖晶.水利水电工程施工与管理技术 [M].长春:吉林科学技术出版社,2020.

[29] 王国涛,姜和,刘彦军.中小型水利工程管理与施工技术研究 [M].长春:吉林科学技术出版社,2020.

[30] 游振荣,吕文利,卢永芳.机电设备安装工艺学 [M].成都:电子科技大学出版社,2018.01.

[31] 崔陵.机电设备电气安装与调试 [M].北京:科学出版社,2018.12.

[32] 张建杰.机电一体化设备安装与调试 [M].上海:华东师范大学出版社,2018.03.

[33] 芦乙蓬.楼宇简单设备的安装 [M].重庆:重庆大学出版社,2018.03.

[34] 张国军.机电设备装调技能 [M].北京:北京理工大学出版社,2018.01.

[35] 陈兆兵,刘晓莉,郭伟.机电设备与机械电子制造 [M].汕头:汕头大学出版社,2018.04.